선박검사론

Ship Surveys and Inspections

[수정판]

임정빈 저

해광출판사

머리말

국제항해에 종사하는 선박은 귀중한 인명의 보호, 재화의 안전, 해양환경의 보호 등을 위하여 주기적으로 그리고 의무적으로 국제해사법에 의거한 점검과 검사를 받아야 한다.

국제해사기구(International Maritime Organization, IMO)에서는 해상에서의 환경보호와 인명안전 그리고 재화의 보호를 위하여 선박검사와 관련된 다양한 국제 규정을 제정하고 있다. 이러한 국제 규정은 그 자체로서의 의미도 크지만, 실제 해상에서 근무하는 사관들에게는 국제 규정의 현장적용 능력이 더 크게 요구된다.

이 교재는 국제항해에 종사하는 선박에서 실시되고 있는 점검 및 검사와 관련된 항만국통제(Port State Control, PSC)에 중점을 둔 것으로, 이와 관련된 국내법, 국제 해사법, PSC 관련 규정, 그리고 PSC를 실행하는 국내외 저명기관에서 간행한 지침 등을 참고하여 번역하거나 저자가 이해한 내용을 기술한 것이다.

이 교재는 처음 출판된 것이고, 저자의 미숙한 지식으로 인하여 많은 오탈자, 문구 해석의 오류, 오해를 야기할 수 있고 이해가 어려운 내용 등이 포함될 수 있다. 이에 대해서는 학습자들의 많은 지적과 권고를 기대한다.

이 교재가 국제항해에 종사하는 선박의 점검과 검사에 대한 실무적용에 도움이 되기를 기대하면서, 지속하여 교재를 다듬을 예정이다. 아울러 교재 제작을 지원해 준 송재영 대학원생과 학부생들에게 감사드린다.

저자 임정빈

목 차

제1장 선박검사론 개요

Source: RINA(2020), MOL Comfort Casualty Report(17 June 2013), downloaded Sep. 15, 2020, Web: https://www.rina.org.uk/mol_comfort_accident.html

선박검사는 다양한 국제해사법이 적용되고 이러한 국제해사법은 방대한 규모의 각종 선박 시설과 장비를 다루고 있다.

우선, 이 교재의 목적과 학습내용, 집필방법 그리고 관련된 용어 등을 이해하여 수월한 학습이 될 수 있도록 준비하자.

선박검사는 어렵고 현장의 경험이 중요하다.

- 저자 -

1. 교재 개요

1.1. 교재의 목적

이 교재의 목적은 선원과 선박 및 화물의 안전을 도모하기 위한 국내외 선박검사 제도와 규정, 방법 등을 학습하여 해상운송 분야에서의 선박검사 능력을 향상하는데 있다.

1.2. 교재의 목표

이 교재의 목표는 국내외 선박검사 관련 법령과 규정 및 기술을 습득하고, 항만국통제(Port State Control, PSC)의 주요 내용과 주요 지적사항을 숙지하여 철저한 선박 관리와 유지보수 태세를 완비함으로써 선박검사로부터 발생할 수 있는 각종 위기를 예방하는데 있다.

1.3. 교재의 범위

선박검사에는 다양한 국내외 규정과 선박 구조의 이해, 각종 인명구조장비와 기구의 이해 등에 더하여 물리, 유체역학, 동역학 등의 공학적인 기초지식이 필요하다.

이러한 모든 내용을 이 교재에 수록하는 것은 어렵다. 그래서 이 교재에서는 선박의 사관들이 필수적으로 알고 있어야 하는 일부 핵심사항만을 기술하였다. 각 장의 구성과 내용은 다음과 같다.

제1장은 선박검사론 교재에 관한 개요를 기술하였다. 교재의 목적과 학습내용 그리고 가장 중요한 용어 등을 정리하였다.

제2장은 선박검사 관련 국내 규정을 다루었다. 주로 선박안전법과 시행령 및 시행 규칙을 설명하였다.

제3장은 국제항해에 종사하는 선박에 대해서 실행되고 있는 선박검사 실무를 다루었다. 제3장을 통해서 어떠한 항목이 선박검사 대상인지를 알 수 있다.

제4장은 항만국통제(PSC) 실무에 관한 것이다. PSC의 배경과 목적 그리고 관계기관의 지적사항 등을 학습하여 PSC 관련 국제규정을 학습하기 위한 기초지식을 배양한다.

제5장은 이 교재의 핵심이 될 수 있는 2017년 의결서 A.1120(30)의 조화로운 선박검사(일명 HSSC)에 관한 규정이 해석되어 있다. 아울러 선박검사 주기와 방법 등도 기술되어 있다.

제6장은 PSC와 관련된 다양한 국제규정들이 소개되어 있다. PSC는 의결서 A.1120(30)과 같이 어느 하나의 규정에 의해서 형성되는 것이 아니라 다양한 국제규정이 포함되고 연계되어 적용된다. 제6장에서는 다양한 국제규정을 개략적으로 살펴본다.

마지막으로 참고문헌이 수록되어 있다. 이 참고문헌들은 선박검사와 관련된 각종 항해장비들에 관한 것들이다. 그리고 선박검사와 직접 관련된 참고문헌은 본문에 나타내서, 학습자들이 쉽게 참고할 수 있도록 하였다.

더 상세한 내용의 학습을 원하는 학습자들은 각종 참고문헌에 나타난 웹사이트를 통하여 해당 자료를 다운로드할 수 있다.

2. 교재 집필 원칙

2.1. 교재의 제한 사항

본 교재는 다양한 국내외 법, 규정 및 다양한 해외 선급협회와 관련기관의 자료 등을 참고하여 제작한 것이다. 따라서 해석과정에서 오류가 발생할 수 있고, 법적인 쟁점이 발생할 수 있다.

따라서 본 교재의 내용을 모든 법적분쟁과 해석, 적용 등에 적용하기 위해서는 반드시 원본에 의거해야 하며, 이와 관련된 모든 책임은 본 저자에게 없음을 알린다.

이러한 제한사항은 종종 발생할 수 있는데, 그 이유는 한글과 영어 사이의 번역과정에서의 오류 및 국내법에서 정의하고 있는 법적 용어와 영어 용어 사이의 다름 등에 기인한 것이다. 이러한 국내외 법적인 분쟁은 국제법 또는 국내법 관련 변호사 또는 법원 등의 역할임을 알린다. 특히, 본 교재의 내용을 이용하여 상업적, 행정적 및 기타 행위 등에 적용하는 경우는 반드시 원본 내용을 참고하기 바란다.

2.2. 맞춤법

교재는 원칙적으로 한글 맞춤법에 의거하여 작성될 필요가 있다. 그러나 영어로 작성된 국제규정을 한글로 작성하는 경우 다양한 문제가 발생할 수 있기 때문에 본 교재에서는 한글과 영어를 병행하여 사용한다.

영어로는 다른 표현이지만 한글로는 동일한 용어로 표기될 수밖에 없는 영어 용어가 많다. 예를 들어, Survey, Inspection, Audit, Examination, Test 등은 선박검사의 주요한 영어 용어인데, 이를 검사, 조사, 점검, 감사, 실행, 실시, 이행 등 다양한 용어로 혼재되어 사용되는 경우가 많다.

이에, 이 교재에서는 한글로 표현하는 경우 영어 용어의 원래 의미와 혼동을 줄 수 있거나 애매한 용어는 한글과 영어를 혼재 사용하거나, 한글(영어)과 같이 한글 다음의 괄호 '( )' 안에 영어를 병기하였다.

(1) 한글 맞춤법

가능한 한글 맞춤법을 준용하되, 이해 증진과 편의를 위해서 명사는 가능한 붙여 사용하고, 한글만으로 모든 내용을 설명하는 것이 불가능하고 학습자들의 이해 증진에 필요한 경우에는 영문을 병행하였다. 특히, '단어'와 '단위'는 띄어쓰기를 원칙으로 하되, 이해 증진을 위해 필요한 경우는 붙여 쓰기를 하였다. 그리고 법률용어, 대표적인 기법, 방법, 항목 등은 가능한 단어를 붙여서 썼다.

(2) 영문 맞춤법

영문의 경우는 한글과의 적절한 배치 및 독자들의 이해와 편리성 등을 위하여 영문 맞춤법을 따르지 않았다. 예를 들면 다음과 같다.

- '안내단어'는 'a(the) guide word'인데, 'guide word'로 표시
- '안내단어분석기법'은 'guide word analysis'인데, 'Guide Word Analysis'로 사용하여 하나의 기법임을 표시
- '항만국통제'는 'Port State Control'인데, 이에 대한 약자를 사용하는 경우에는 'Port State Control, PSC'로 표기하고, 이후부터는 '항만국통제' 또는 'Port State Control' 또는 PSC 중 하나를 편의에 따라서 사용

2.3. 출처표시

이 교재의 내용은 주로 국제해사기구(International Maritime Organization, IMO)에서 채택한 국제규정을 참고하고, 기타 해외 선급(Class) 및 선박관리회사들의 선박검사 내용과 지적사항 등을 인용한 것이다.

그 이유는, 국제항해에 종사하는 선박의 검사는 한글 용어 보다는 영어 용어 그대로를 사용할 필요가 있고, 국제규정은 영어 그대로를 학습하는 것이 국제항해에 종사할 학습자들의 현장적용 능력 향상에 필요하기 때문이다. 아울러, 국제규정은 이 교재 저자가 임의적으로 해석해서는 안 되고, 이에 대한 전 세계 선급, 관리회사 등에서 사용하는 표현 역시 그대로 사용하는 것이 필요하기 때문이다.

한편, 국제항해에 종사하는 선박은 영어 또는 영어를 다른 국가의 언어로 번역된 규정을 이용할 수 있다. 그러나 선박검사에 관한 주요한 규정은 영어로 표현된 내용 그 자체를 알고 있어야 하고, 관련된 다양한 규정의 제목은 영어 그 자체를 알고 있어야 한다. 그래서 모든 국제 규정은 한글 다음의 괄호 안에 영어 제목을 병기하였다.

아울러, 위와 같은 국제규정, 타인의 저작물 등은 그들의 지적재산권 보호를 위하여 출처를 명기해야 한다. 이 교재에서도 출처는 모두 표기하였다. 출처표시는 학습자들에게 다소 복잡하게 느껴질 수 있으나, 법률로 정해진 지적재산권을 보호하고, 관련법을 준수하기 위한 것이다.

출처는 한국항해항만학회(2013)의 연구윤리규정을 준수하여 표시하고, 한국항해항만학회의 논문표기법에 따라 참고문헌을 표기하였다. 예를 들면 다음과 같다.

- '… Vincent T. Covello 등(1985)은 선박검사 규정을 연구하였다.' 라는 문장의 의미는, 1985년에 Vincent T. Covello 등이 관련학회지에 게재한 논문의 내용을 저자가 참고했음을 알리는 것이다.
- '… MEPC/Circ.392에 명시되어 있다(IMO, 2002b).' 의 의미는, 저자가 MEPC/Circ.392 내용을 2002년 IMO에서 발행한 자료에서 인용한 것임을 나타낸 것인데, 2002년에 IMO에서 발행한 자료가 많기 때문에 이를 구분하여 위하여 2002a, 200b 등으로 구분한 것이다. 그리고 이 자료의 상세한 출처는 다음과 같은 참고문헌에서 확인할 수 있다.

  IMO (2002b), GUIDELINES FOR FORMAL SAFETY ASSESSMENT (FSA) …, MSC/Circ. 1023, MEPC/Circ.392, 5 April 2002

- '… Bilal M. Ayyub 등(1999)은 길이 1,500 m … ' 에서 '등' 의 의미는 저자가 여러 명인데 모두 나타내면 복잡하기 때문에 대표저자만 나타냈음을 의미한다.

2.4. 단위 표시

단위는 가능한 국제표준단위계인 SI(International System of Units)을 이용하되, MKS(Meter, Kilogram, Second) 단위계도 참고하였다. 이러한 SI와 MKS 단위계를 따를 수 없을 때는 별도의 설명을 부가하였다.

아울러, 미국과 영국, 유럽 등에서 사용하는 단위 및 육상과 해상에서 사용하는 단위는 서로 다를 수 있다. 따라서 IMO의 각종 문서 또는 해외 기관에서 사용하는 단위는 그대로 사용하였다. 그 이유는 본 저자 임의로 이러한 단위를 번역하거나 해석하여 적용하는 경우, 자칫 법적인 문제가 발생할 수 있기 때문이다.

따라서 각종 단위는 독자 스스로 주의하여 해석해야 하며, 이 교재에서도 자칫 혼동을 야기할 수 있는 단어는 상세하게 설명하였다. 주로 사용한 단위는 다음과 같고, 단위의 끝에 부가되는 점(.)은 모두 생략하였다(예, 초(second)의 단위표시는 sec.인데 sec로 간단하게 표기).

- 미터(m) : 거리를 나타내는 단위
- 마일(mile) : 해상에서 거리를 나타내는 단위로, 복수는 miles
- 노트(kt) : 1 시간에 1 마일 이동하는 속력으로, 복수는 kts
- 킬로그램(kg) : 무게를 나타내는 단위
- 초(sec) : 시간의 초를 나타내는 단위
- 분(min) : 시간의 분을 나타내는 단위
- 헤르츠(Hertz) : 주파수를 나타내는 단위
- 와트(Watt) : 전력을 측정하는 단위

3. 용어

본 교재에서는 검사(Survey), 점검(Inspection)등 다양한 용어가 사용되고 있는데, 혼돈의 우려가 크다. 우선, 이들 용어에 대해서 살펴본다.

3.1. 선박검사 관련 용어

Survey와 Inspection을 한글로 번역하면 모두 '검사'로 표기된다. Survey와 Inspection은 대단히 다른 용어이기 때문에 이들은 분리되어야 한다. 그래서 이 교재에서는 다음과 같이 정의하였다.

3.1.1 Survey

Survey는 '조사'라는 의미가 더 강한데, 우리나라에서는 '검사' 또는 혼동을 피하기 위하여 영문 그대로 '서베이'로 불리기도 한다. 예를 들어, 선박안전법에서의 '정기검사'는 영어로 'Periodic survey'에 해당한다. 이 교재에서는 '검사' 또는 '서베이' 양쪽을 사용한다.

참고로, Survey에 대한 영어 의미는 다음과 같이 다양하다. 1) 일반적인 관점에서의 조사 행위, 2) 공식적인 시험에 대한 관찰 또는 어떠한 조건을 따르는 수와 양의 조사(예를 들어, 선박 물품의 수를 조사하는 것 등), 3) 사람 그룹의 의견을 조사하는 것, 4) 사람 그룹의 시험에 관해서 유사하게 사용된 질문이나 규정 등, 5) 지구 표면의 어느 특정 부분의 위치, 크기, 형상 등을 찾아내는 것 등.

3.1.2 Inspection

이 용어에 대해서는 '검사', '조사', '점검' 등이 혼재되어 사용될 수 있다. Inspection은 규정 요건에 적합한지를 조사하여 데이터를 만들고, 만들어진 데이터를 기준 값과 비교하여 규정과 부합하는지를 비교한 후 합부의 판정을 하는 것이다. 이 교재에서는 '검사'와 혼동을 피하기 위하여 '점검'이라 부른다.

3.1.3 Examination

이 용어는 일반적으로 '시험' 으로 불리고 있다. Examination은 Inspection의 한 요소인데, Inspection과 달리 규정 요건에 적합한지를 조사하여 데이터를 만들어 내는 것만을 의미한다. 예를 들어, 일반적으로 단순한 물리적 조건, 검사, 측정 등을 포함한 것을 말한다. 이 교재에서는 '시험' 또는 '실사' 등으로 부른다.

3.1.4 Test

Test는 Examination과 유사한 의미로 사용되는 경우도 있고, 엄밀하게 구분할 수는 없으나, Test는 비파괴적인 행동이 수반되는 것과 조직상의 성능확인 등의 경우에 사용되는 경우가 많다. 이 교재에서는 영어 그대로 '테스트' 라 부른다.

3.1.5 Audit

Audit은 '감사' 를 의미하는 것으로, 여기에는 내부감사(Internal Audit)와 외부감사(External Audit)로 구분할 수 있다. 감사는, 회사 자체 또는 외부의 규정된 기관이나 조직에 의해서 수행되는데, 이행을 실행했는지 또는 규정된 절차에 따라서 수행되었는지 등을 주로 점검하기 위한 것이다.

3.2. 검수사, 검량사, 감정사

국내 규정에 의하면, 다양한 종류의 검사에 관한 내용이 등장하는데, 자칫 혼란을 줄 수 있으니 주의해야 한다. 다음 내용은 단지 참고용으로만 활용하기 바란다.

항만운송사업법에 의하면 검사를 수행하는 사람은 다음과 같이 구분되어 있는데, 검수사(tallyman), 검량사(measurer), 감정사(surveyor) 등이다. 여기서 PSC의 경우에는 surveyor를 검사관이라 부르고 있음에 주의해야 한다.

이들은 다음과 같이 정의되어 있다.

1. 검정인(surveyor) : 국내 검정인에 대한 규정은 없고, 항만운송사업법에 규정된 '항만운송사업' 중에, 검수, 검량, 감정 등을 영업으로 하는 항만운송업체 중에서 검량업과 감정업을 동시에 영위하고 있는 업체의 사람을 통합하여 검정인으로 부르고 있다.
2. 손상 검정인(damage surveyor) : 화물 손상(cargo damage)이나 선체 손상(hull damage)이 발생했을 때 그 사실관계를 확인하고 원인을 조사하는 일에 종사하는 자(직무에 따라 구분한 경우)
3. 흘수 검정인(draft surveyor) : 흘수를 감정하는 검량사

위와 같이 항만운송사업법에 등장하는 용어는 이 교재에서 사용하는 용어와 대단히 다르고, 특히 선박검사와 관련된 '선박안전법' 에서 사용하는 용어와도 다르다. 하여, 위의 내용은 단지 참고만 하기 바란다.

선박검사 관련 용어 중에서 한글 용어인 경우는, 가능한 '선박안전법' 에서 정의된 용어를 따르고, 국제기준에 관한 용어는 해양수산부, 한국선급 또는 해기사협회 등의 기관에서 정의된 용어를 따르기로 한다.

4. 관련 사진

이 교재에는 다양한 장비 및 기기들과 관련 용어들이 등장하는데, 실제 승선 경험이 없는 학습자들은 이해하기 어려울 수 있다. 저자가 다년간 촬영한 다양한 사진을 이용하여 실제 형상과 선박에서의 위치, PSC 주의사항 등을 개략적으로 학습해 보자.

4.1. 생존 장비

생존 장비의 대표적인 것은 구명정(Lifeboats)이다. 구명정에는 다양한 종류가 있는데, 선박의 건조 목적에 따라서 종류가 결정된다. 그림 1은 특수목적 코드를 따르는 선박에 적용된 구명정인데, 세 가지 형태가 각각 다르다. 각각 다른 형태는 그림 3부터 그림 5까지에 설명하였다. 그림 2는 일반 선박에서 사용하는 기존 구명정을 나타낸 것으로, 세 가지 구명정 모두 동일한 것이다.

그림 1. 특수목적 코드를 따르는 선박의 세 가지 구명정(3척 모두 다름)

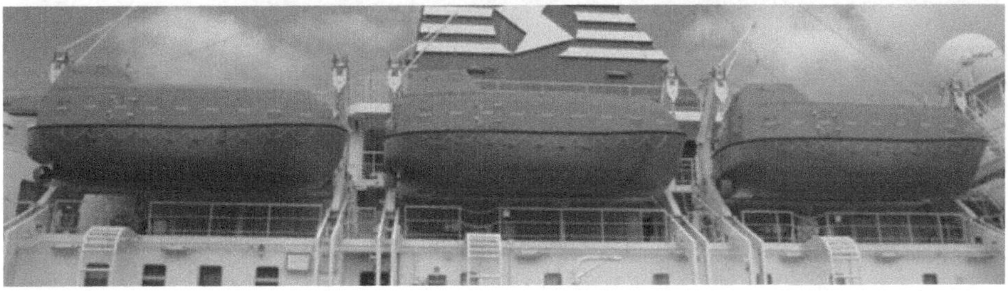

그림 2. 일반 선박의 구명정(3척 모두 동일함)

다음 그림 3부터 5까지는, 위의 그림 1에 나타낸 특수목적 코드를 따르는 선박에 적용된 세 가지 종류의 구명정을 나타낸다.

그림 3의 구명정은, 갑판에서 구명정까지 사다리를 타고 올라가서 구명정에 탑승한 후, 이송기구에 의해서 구명정이 바다로 투하되면서 진수되는 방식이다. 그림 4의 구명정은, 갑판에서 직접 구명정을 탄 후, 이송기구에 의해서 진수되는 방식이다. 아울러, 그림 3과 그림 4 양쪽 모두는 구명정을 해수면 쪽으로 이동시키기 위한 이송기구가 있어서 쉽게 탈출할 수 있다.

마지막으로, 그림 5는 구조용 보트이다. 크레인을 이용하여 신속하게 진수할 수 있기 때문에 익수자를 빨리 구조할 수 있다.

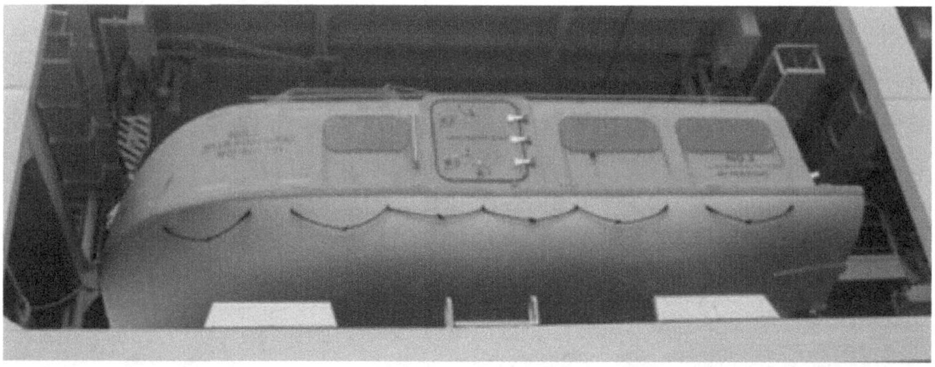

그림 3. 갑판에서 사다리를 타고 구명정에 탑승한 후 진수되는 방식

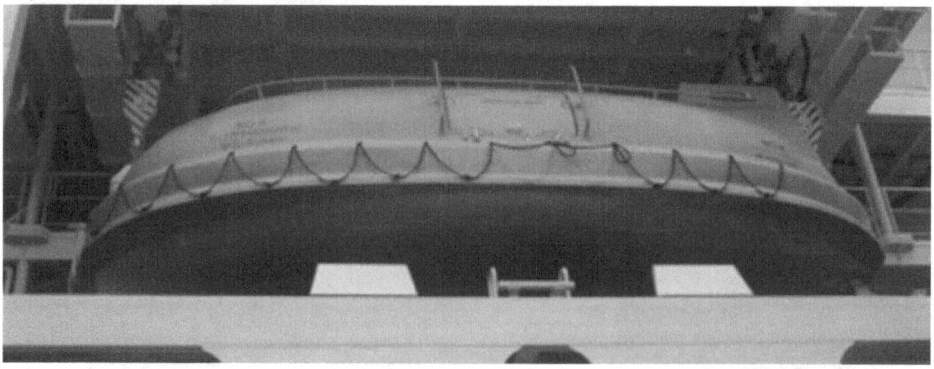

그림 4. 갑판에서 구명정에 직접 탑승한 후 투하되는 방식

그림 5. 구조정(rescue boats)

그림 6은 구명정 부근에서의 비상탈출훈련 모습과 구명정진수 모습 그리고 구명정 내부와 구명정에 탑승한 모습을 나타낸다. 비상탈출훈련은 정기적으로 실시하여 선원 모두 숙달 및 친숙화 되어 있어야 한다.

비상탈출훈련은 해상안전에서 가장 중요하고 기본적인 것이며, PSC의 주요 지적사항 중 하나임을 명심해야 한다. 이러한 훈련은 사진을 촬영하여 훈련실시에 대한 법적 증거를 확보할 필요가 있다.

그림 6. 비상배치 훈련과 구명정 탑승

그림 7은 구명뗏목(Life raft)의 외관과 여객선에 실려 있는 모습, 그리고 조난위치를 알리기 위한 신호홍염(Flare), 구명환(Life ring) 등의 외관을 나타낸다.

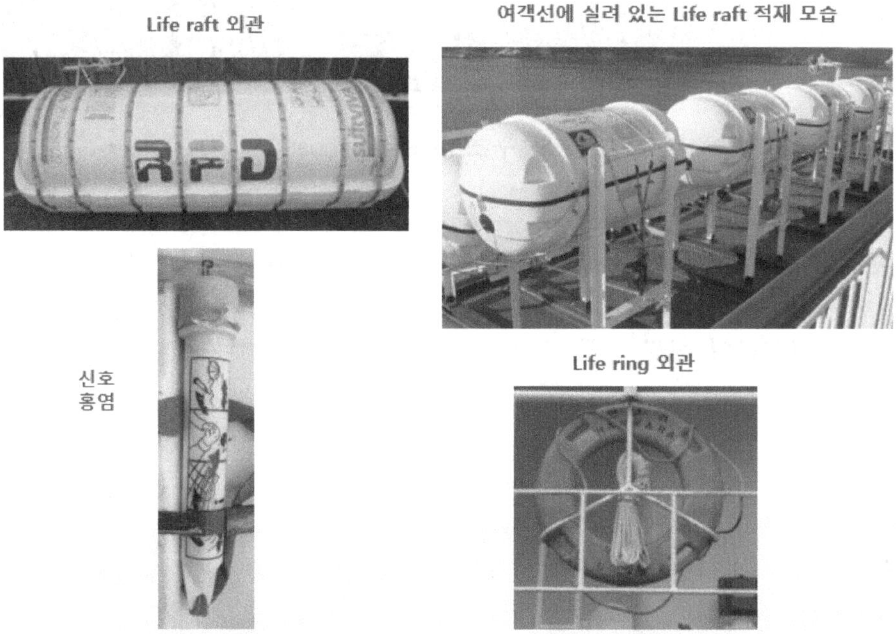

그림 7. 구명뗏목의 외관과 적재 모습 및 신호홍염과 구명환

그림 8은 구명뗏목(Life raft)의 외관에 부착되어 있는 설명서 중 하나를 나타낸 것으로, 수압에 의한 이탈 장치(HRU - 이 그림의 경우는 모델 H20)의 장착 방법 그리고 HRU 장착 후 휴대폰을 이용하여 등록시키는 방법 등을 나타낸다.

그림 9 역시 구명뗏목의 외관에 부착되어 있는 설명서 중 하나를 나타낸 것으로, 진수절차와 취급주의사항(굴리지 말 것), 관련된 규정에 의거한 형식승인 내용(날짜, 승선가능 인원, 검사 기록 등) 등을 나타낸다.

구명뗏목 표면에는 이러한 설명서들이 부착되어 있으니, 선박에서도 이러한 설명서들을 이용하여 관련 내용을 스스로 학습할 수 있다.

Life raft의 HRU 장착 방법과 검사 방법

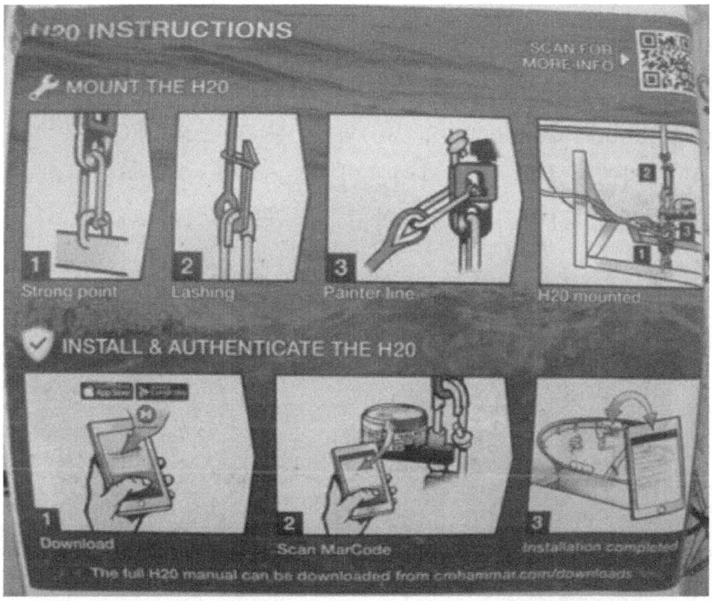

그림 8. 구명뗏목의 수압에 의한 이탈 장치(HRU - H20)의 장착 방법과 휴대폰을 이용한 등록 방법

Life raft 진수 절차와 방법

형식승인 사항과 날짜

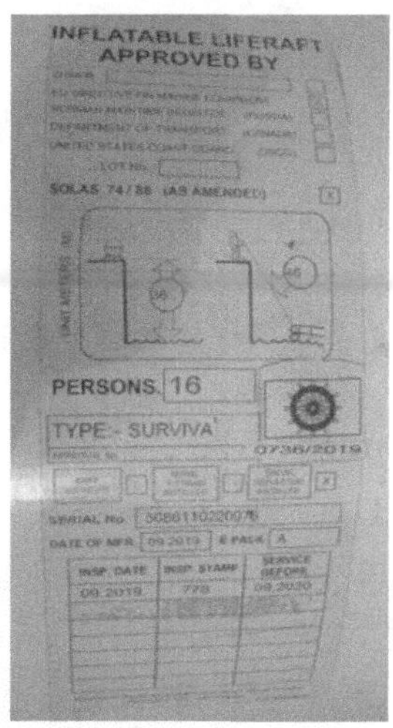

취급
주의
사항

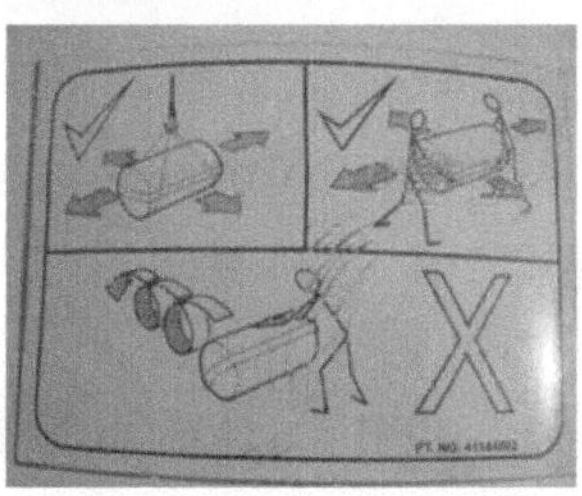

그림 9. 진수절차, 취급주의사항, 형식승인 등

4.2. 소화 장비

그림 10은 선박에 화재가 발생한 경우 그리고 필요한 경우, 육상의 소화수(extinguishing water)를 선박에 공급하기 위한 국제해안연결장치(International Shore Connection, ISC)의 보관 박스와 ISC임을 나타내는 심벌(Symbol) 그리고 선박연결 파이프와 호스 박스 등을 나타낸다. ISC는 PSC 검사에서 자주 지적되는 항목이니 잘 관리되어야 한다.

그림 10. 국제해안연결장치(ISC)의 구성과 ISC 심벌

그림 11은 선박에서 화재 발생 시 사용되는 일반적인 소화 장비를 나타낸다. 선박연결 파이프는 육상에서 선박으로 소화수를 공급받기 위한 것이고, 이에 대한 심벌이 표시되어 있다. 그리고 소화전의 박스 내부에는 물을 제트 형식과 스프레이 형식으로 분사할 수 있는 다목적 노즐(nozzle), 소화호스에 소화수를 공급하기 위한 공급 파이프 등이 내장되어 있다.

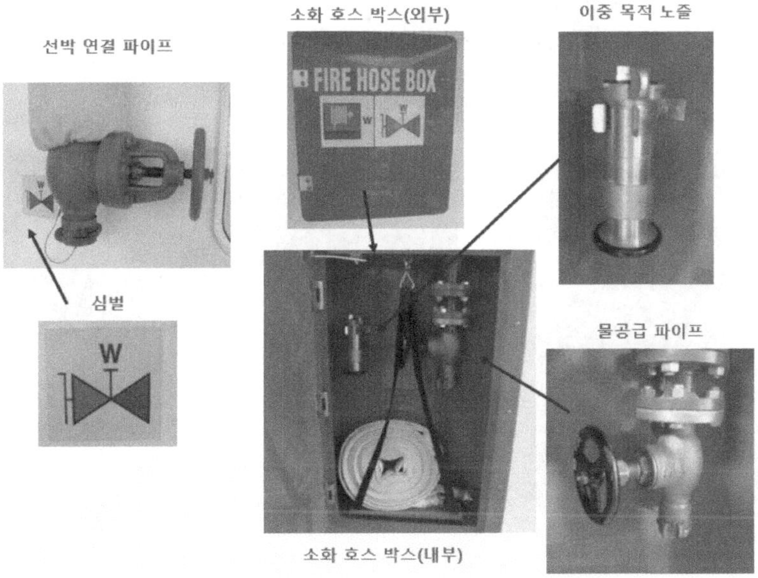

그림 11. 소화전 심벌과 모습 및 내부 구성, 다목적 노즐

그림 12는 화재통제계획(Fire Control Plan)과 심벌을 나타낸다. 화재통제계획은 긴 원형의 통에 일반배치도(GA)와 설명서 등이 들어 있다. 화재통제계획은 최신의 것으로 개정되어 있어야 한다. PSC 검사의 주요 지적사항 중 하나이다.

그림 12 화재통제계획의 보관통과 심벌

그림 13은 일반적인 선박에서 볼 수 있는 다양한 소화전과 화재발생 시 화재를 알리기 위한 화재경보 스위치 등을 나타낸다.

그림 13. 일반소화전, 화재통제계획, 화재경보기 등의 모습

그림 14는 주로 기관실에서 사용하는 135리터 이동식 폼 소화기와 일반 거주구역 등에서 사용하는 6킬로그램의 소형 폼 소화기를 나타낸다. 이들은 충전상태를 수시로 점검하고, 일정한 주기로 내부 소화용액을 교체해야 하며, 교체한 날짜는 반드시 표기되어 있어야 한다.

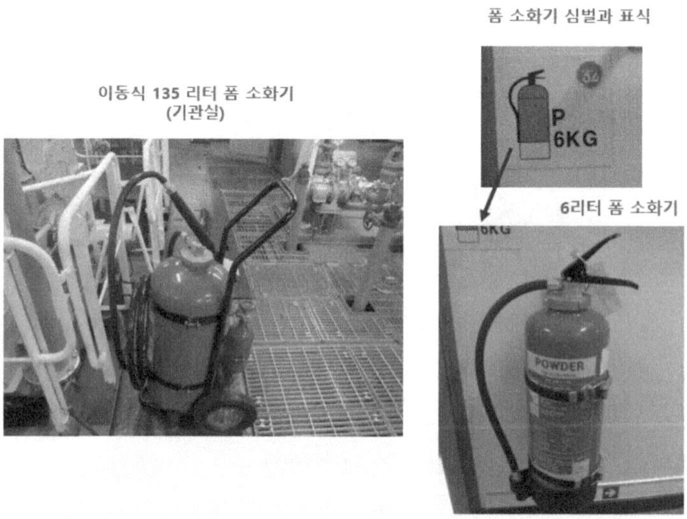

그림 14. 선박용 135리터 폼 소화기, 6KG 소화기

그림 15는 고정식 CO_2 소화기를 나타낸 것으로, CO_2 소화기 모두는 파이프를 통하여 연결되어 있어서 방대한 용량의 CO_2 가스를 동시에 방사할 수 있다. 그림 16은 CO_2를 방사하기 위한 제어시설을 나타낸다. CO_2 방사의 경우, 방사 장소에 사람이 있는지 반드시 확인해야 한다.

그림 15. 고정식 CO_2 소화기

그림 16 고정식 CO_2 방사 및 제어시설

그림 17과 그림 18은 육상에서 사용하는 소화기(분말소화기, Dry Chemical Fire Extinguisher)와 소화전을 나타낸다. 소화기는 레버(lever)에 묶여져 있는 끈을 제거한 후 레버를 누르면 작동한다. 아울러 소화전(Hydrant)은 캐비닛(cabinet) 형태의 박스에 호스가 들어 있어서 화재진화에 사용할 수 있을 뿐만 아니라 더 긴 호스를 이용하여 다른 장소에 물을 공급하는 역할도 한다. 이 경우 소화전은 소화 분배반(distributor)이 된다.

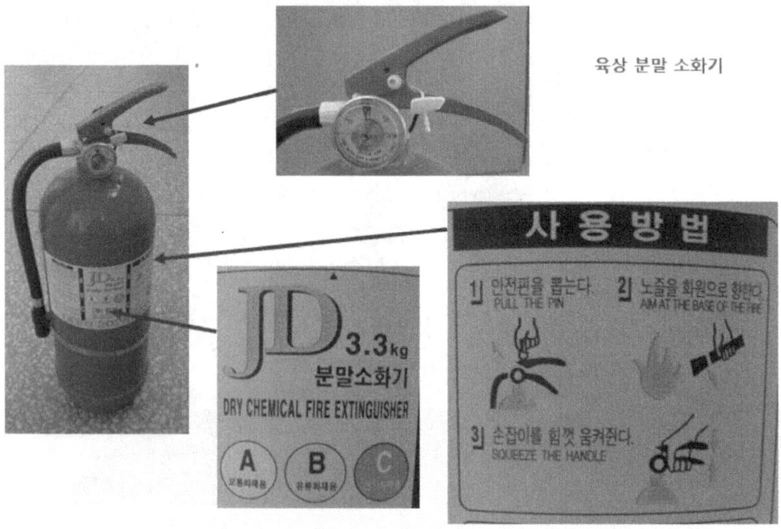

그림 17. 육상 일반 소화기의 모습과 작동레버 및 표식 등

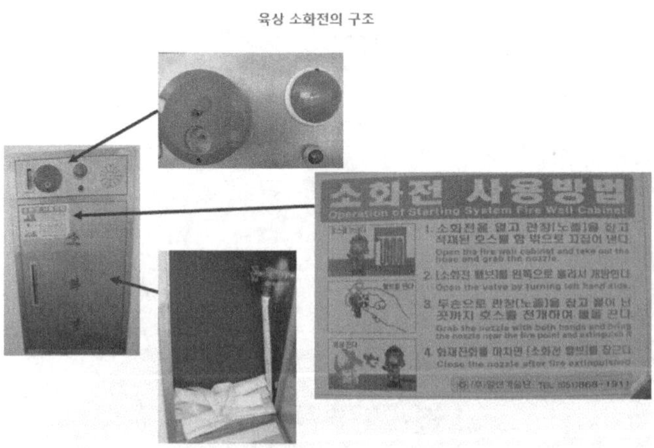

그림 18. 육상 소화전의 모습과 사용 방법

4.3. 각종 심벌과 표지

그림 19는 여객선의 비상탈출경로 표시, 비상집합장소 표식, 비상문 위치 표시와 심벌(탈출, 집합 등)을 나타낸다. 여러분들은 이미 육상에서 이러한 심벌과 표식 및 표지를 보았을 것이다.

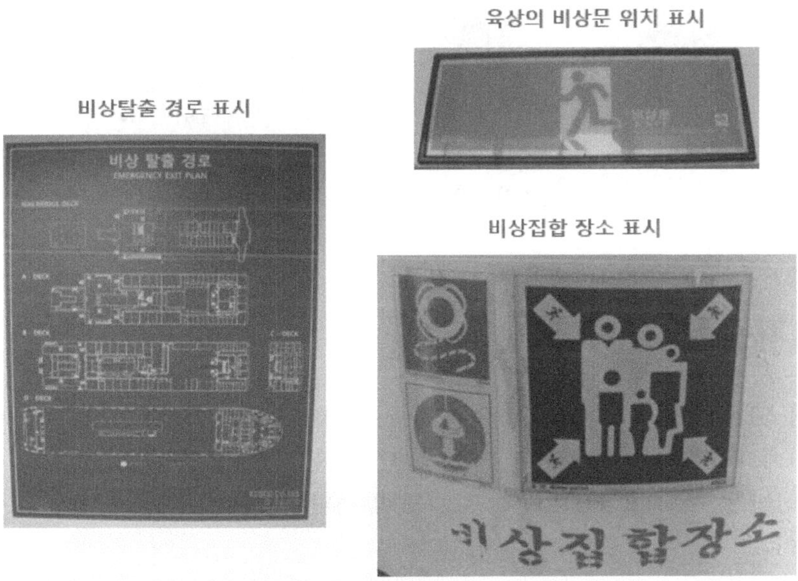

그림 19. 다양한 심벌, 표식, 표지 등

4.4. 환기 시설

그림 20은 다양한 공기 환기시설을 나타낸 것으로, 선박에는 선내 공기를 외부로 보내거나 들여오기 위한 다양한 환기시설이 갑판에 돌출되어 있다. 그림 20의 좌측 그림은 전기를 이용하여 빠르게 환풍기를 닫을 수 있는 장치가 환풍기 내부에 장착되어 있다. 우측 그림은 소위 거위 목(Goose neck)이라 불리는 환기 파이프를 나타낸다.

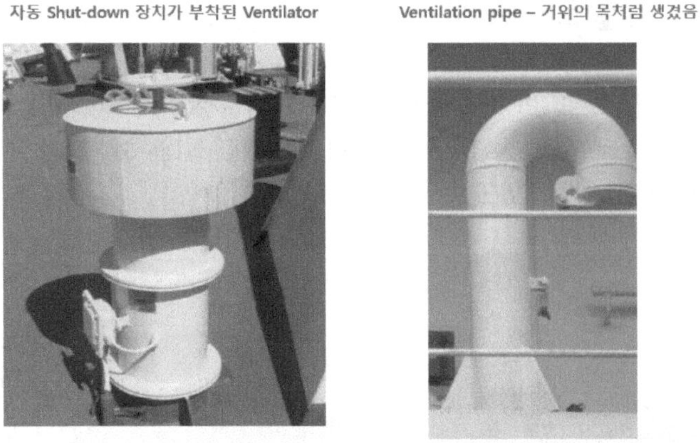

그림 20. 공기 환기시설

4.5. 기관실 장비

그림 21은 선박의 주 기관(Main Engine, M/E)을 나타낸다. M/E는 선박의 심장인데, M/E는 주로 프로펠러를 회전시키는데 사용하는 것으로, 이를 통하여 선박은 추력(propulsion power)을 얻는다.

그림 21. 주 기관(Main Engine, M/E)

그림 22는 유수분리기(Oily Water Separator, OWS)를 나타낸다. 선박에는 많은 양의 기름과 물의 혼합물이 발생하는데, 이러한 혼합물을 무단으로 바다에 배출해서는 아니 된다. 물과 기름을 분리한 후, 기름은 선박에 보관해 두었다가 육상시설에 의해서 처리되어야 하고, 물은 15ppm 이하로 정수된 후 바다로 배출해야 한다. 이러한 혼합물을 빌지 슬러지(bilge sludge)라 한다. 유수분리기에는 빌지 경보 모니터와 빌지 분리 제어 박스 등이 부착되어 있다.

그림 22. 유수분리기(OWS), 빌지 경보 모니터와 빌지 분리 박스

그림 23은 기름으로 얼룩져진 기관시설을 나타낸다. 기관실에는 연료유, 윤활유 등 다양한 기름이 사용되기 때문에 기름이 흘러서 번지는 누유가 발생한다. 항상 깨끗하게 청소될 것이 PSC에서 요구되고 있다. 왜냐하면 기름은 미끄러워서 인명사고를 야기할 수 있고, 각종 기관실 화재의 원인이 되기 때문이다.

그림 23. 기름으로 얼룩진 기관 시설

4.6. 탈출 시설

그림 24는 기관실의 비상 탈출 통로를 나타낸다. 기관실은 화재에 대단히 취약하다. 기관실은 밀폐되어 있어서 화재 발생 시 화염이 기관실 전체를 덮고 유독가스가 발생한다. 이러한 상황에서 선원들은 기관실에서 선내로 연결된 통로를 이용하여 탈출할 수 없는 상황이 될 수 있다. 이러한 경우, 기관실에서 바로 선외 갑판으로 탈출하기 위하여 설치된 것이 비상탈출통로이다. 항상 훈련하여 그 위치와 방법을 숙지하고, 관련 시설의 상태 등을 항시 확인해야 한다.

기관실 탈출통로

그림 24. 기관실에서 외부로 탈출하기 위한 비상통로

4.7. 선박 관리

그림 25는 부산항 컨테이너 터미널과 컨테이너선의 출항을 위한 터그보트(tug-boat)의 모습을 나타낸다. 선박은 출항부터 입항 그리고 각종 하역작업까지 일련의 과정에서 철저한 선박관리 태세를 유지해야 한다.

그림 26은 컨테이너선의 화물적재 모습과 해치-커버(Hatch-cover)의 모습을 나타낸다. 컨테이너는 철 재질의 고박기구를 이용하여 선체 동요로부터 흔들리지 않도록 적재되어 있다. 아울러 화물창에도 컨테이너 또는 다른 화물이 적재되는데, 화물창의 덮게인 해치-커버는 물이 들어가지 않도록 타이트(tight)하게 닫혀있어야 한다.

부산항 컨테이너 터미널 – Tug의 지원

그림 25. 부산항 컨테이너 터미널과 컨테이너선의 출항을 위한 터그보트

컨테이너 선박- 화물 적재 | 컨테이너 선박의 고박과 Hatch Cover

그림 26. 컨테이너선의 화물적재 모습과 해치-커버의 모습

그림 27은 부두에서 선박관리를 위한 선체 페인트 작업 모습을 나타내는데, 최근 환경오염규제의 강화로 부두에서의 선박 페인트 작업은 금지되어 있음에 주의해야 한다. 이 그림에는 드라프트(draft) 및 로드-라인(load-line) 등도 표시되어 있다. 로드-라인은 선명하게 보여야 한다. 그래서 선박이 입항하면 부두에서 육안으로 확인하여 잘 관리해야 한다.

로드-라인은 선박에 적재 가능한 화물의 양을 나타낸 것으로, 선박안전에 대단히 중요한 표식이다. 선박에 적재할 수 있는 화물의 양은, 그림에 나타낸 것과 같이 계절에 따라서 변하는데, 그 이유는 계절적 요인에 의해서 해수의 비중이 변하기 때문이다.

육상 부두에서 선박 외부 페인트 칠하기
(부두에서 칠하면 안됨)

드라프트-라인

로드-라인의 의미

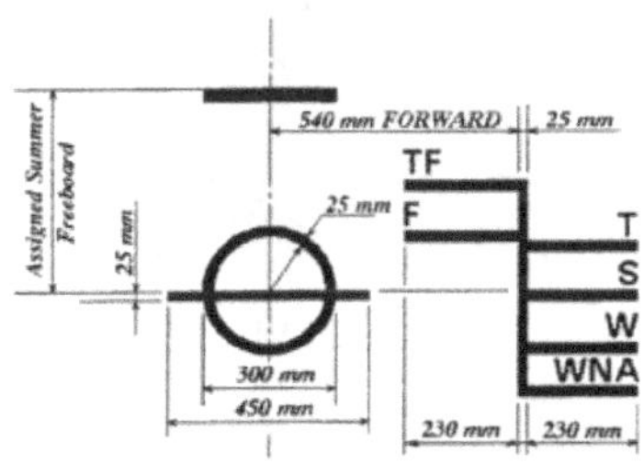

Source; Statutory Instruments 1998 No. 2241, MERCHANT SHIPPING SAFETY. The Merchant Shipping (Load Line) Regulations 1998, downloaded Sep. 13, 2020, (Web: https://www.legislation.gov.uk/cy/uksi/1998/2241/made)

그림 27. 부두에서의 페인트 작업(금지), 드라프트 및 로드-라인 표시

그림 28은 선박의 출입시설이 되는 출입사다리 또는 갱웨이(Gangway)를 나타낸 것으로, 항상 안전한 승하선을 위해서 잘 관리되어야 한다. 아울러 ISPS 코드에 의거하여 허가 받지 않은 사람이 출입하는 것을 방지하기 위한 시설이 설치되고 표시되어 있어야 한다.

그림 29는 윈치(Winch)와 윈드라스(Windlass)를 나타낸다. 윈치는 선박을 부두에 묶어두기 위한 로프(rope)를 감거나 풀기 위한 것이고, 윈드라스는 선박을 급히 정지시키거나 표류하는 것을 방지하기 위한 앵커(anchor)를 내리거나 올리기 위한 것이다. 선박용 로프(일명 '호사')는 장력에 의해서 터질 수 있음으로 주의 하고, 앵커는 굉장히 무겁기 때문에 천천히 내려야 한다.

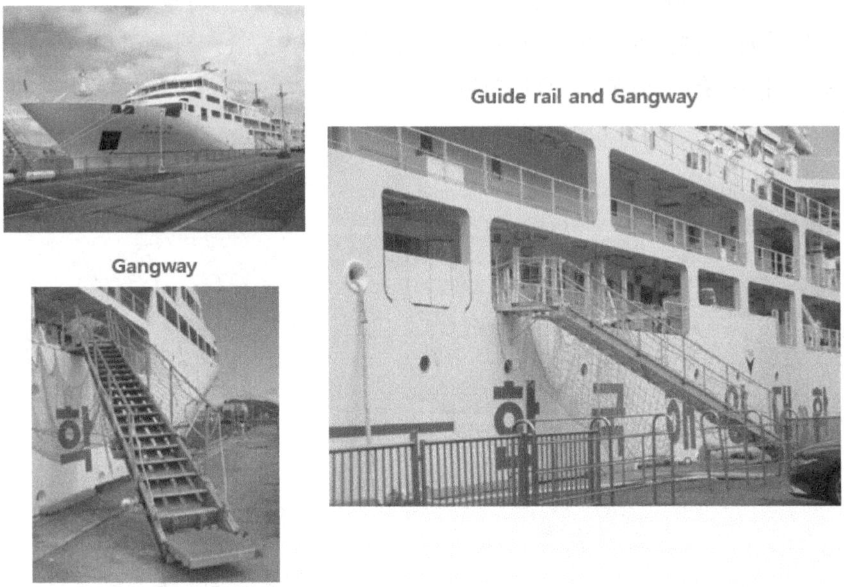

그림 28. 선박 출입을 위한 갱웨이(Gangway)

그림 29 로프와 앵커를 감거나 풀기 위한 윈치/윈드라스와 고박 기구

4.8. 각종 항해 장비

그림 30은 PSC 지적사항에 자주 등장하는 주요 장비들이다. SART (Search and Radar Transponder)는 수색구조를 위한 비상장비로서, 탈출할 때 구명정에 탑재한다. SART는 레이더에 반응할 수 있는 9GHz 신호를 송신하는 것으로, 이 신호는 다른 선박 레이더에서 탐지되어 신속한 구조를 지원할 수 있다.

EPIRB(Emergency Position Indicating Radio Beacons)는 인공위성을 이용하여 조난자의 위치를 확인하기 위한 장비이다. 조난자의 위치는 연안 해양구조대로 신속하게 통보된다. 주의할 것은 테스트를 위하여 작동하는 경우, 허위 신호가 발생할 수 있는데 PSC의 주요 지적사항 중 하나이다.

트랜시버(Transceiver)는 무선으로 근거리를 통신하기 위한 것이다. VDR (Voyage Data Recorder)는 선박의 각종 정보를 저장하기 위한 것으로, 해양사고 발생 시 원인을 파악하는데 결정적인 정보를 저장하고 있다.

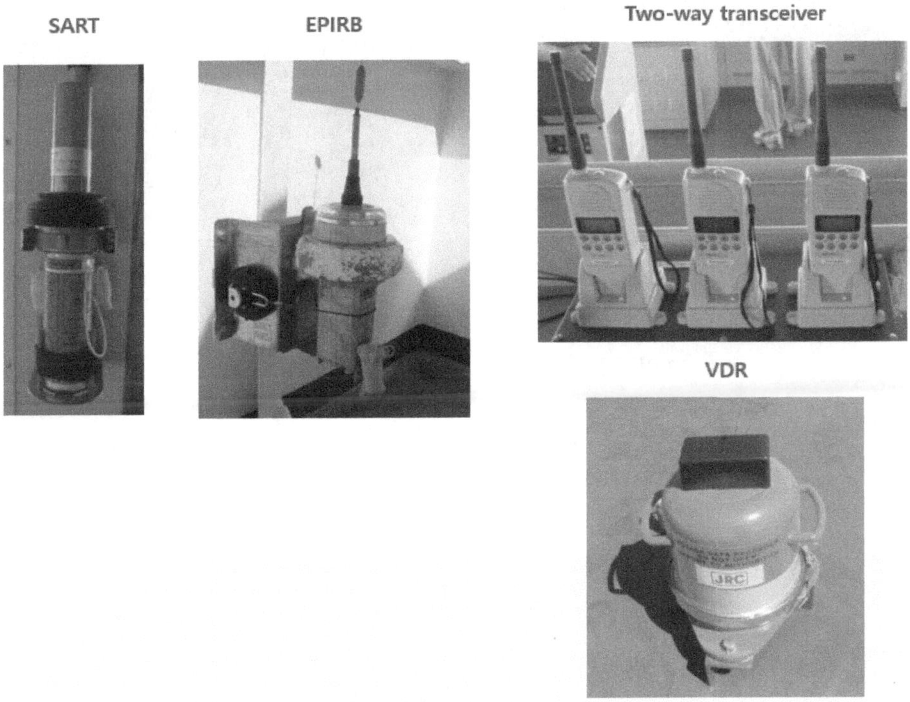

그림 30. PSC에 자주 지적되는 항해 장비들

그림 31은 일광 신호(Daylight signal)와 각종 항해등(navigation lights)을 나타낸다. 일광 신호는 강한 빛으로 물체를 조명하여 식별하기 위한 것이고, 항해등은 선박의 이동 방향 그리고 어떠한 상황을 빛을 이용하여 다른 선박에서 알려주기 위한 것이다.

이러한 등(lights)은 제대로 작동하는지 매일 점검해야 한다. 항해등인 경우에는 작동하지 않음에도 불구하고 확인될 수 없는 경우가 있는데, 일반적으로 선박에는 항해등의 작동여부를 감지하기 위한 경보장치가 설치되어 있다.

Daylight Signal

Navigation lights

그림 31. Daylight 신호와 각종 항해등

제2장 선박검사관련 국내규정

선박검사에 관한 우리나라 규정으로는 국제규정에 의거하여 제정 및 개정된 선박안전법이 있다. 이러한 선박안전법은 국제해사법을 준용한 것이 대부분이다.

한편, 국제해사법에 명시된 영어 용어에 적합한 한글 용어가 아직도 확립되어 있지 않은 것이 많다. 그래서 영어 용어와 한글 용어 사이에서 혼돈을 초래할 수 있다.

이에, 선박안전법을 통해서 국내법으로 정의된 국어 용어를 학습하고, 이를 통하여 영어 용어를 이해해 보자. 아울러 선박검사에 관한 대략의 의미를 선박안전법을 통해서 학습해 보자.

- 저자 -

1. 학습 목표와 주요 내용

1.1 학습 목표

제2장에서는 우리나라 선박안전법에 대해서 학습한다. 이 교재에서 다루는 선박은 국제항해에 종사하는 선박이기 때문에 선박안전법보다는 선박검사 관련 국제규정의 이해와 실전의 학습이 중요하다. 따라서 우선하여 영어로 작성된 국제규정의 이해가 필요하다.

그러나 선박검사에 관해서 처음 학습하는 독자들에게는 영어 용어가 어려울 수 있다. 선박안전법은 다양한 국제해사법을 수용한 것이기 때문에 대략적인 틀과 용어는 국제적인 규정과 규약, 의정서, 의결서 등을 따르고 있다. 따라서 우리나라 선박안전법에 명시된 각종 용어와 의미를 우선 학습하여 선박검사 방법의 개요를 학습하고 이에 대한 용어를 정의하여 혼돈을 방지하고자 한다.

1.2 학습 내용

제2장에서는 우리나라의 선박안전법, 선박안전법 시행령, 선박안전법 시행규칙 그리고 이러한 법, 령, 규칙 사이의 상관관계 등을 학습한다.

1.3 주요 내용

1. 선박안전법의 제정 또는 개정의 배경과 이유
2. 선박안전법에 명시된 검사 종류와 주기 및 방법
3. 선박안전법에 명시된 PSC 관련 검사 방법
4. 선박안전법 시행령의 제정 목적과 주요 내용
5. 선박안전법 시행규칙의 제정 목적과 주요 내용

2. 선박안전법

2.1 선박안전법 개요

2.1.1 선박안전법의 체계

법은 크게 세 가지로 구분되는데, 법령, 시행령, 시행규칙이다. 이들은 모두 법적 구속력을 가진다. 국내 대부분의 법령문서는 국가법령정보센터(웹사이트: https://www.law.go.kr)에서 무료로 다운로드할 수 있다. 다음 쪽의 네 개의 그림에 나타낸 홈페이지를 참고하기 바란다.

국가법령정보센터는 2010년에 법제처에서 오픈한 것으로, 국내 법령과 조약, 행정규칙, 자치법규, 판례, 법령해석 등 모든 법령정보의 검색 서비스를 제공하고 있다.

1. **법령**

법령은 국회에서 제정하는 법률로서, 여기에는 원칙적인 사항이나 반드시 준수되어야 할 사항을 명기하고 나머지는 시행령이나 시행규칙에서 규정하도록 하는 유보조항을 두고 있다. 그 이유는, 모든 법령을 구체적으로 명시하기 어렵고, 집행에 한계가 있기 때문이다. 예를 들어, '~한 사항은 대통령령으로 정한다.' 와 같이 하위법인 대통령령으로 세부사항을 적시하는 것이다.

2. **시행령**

해당 법률을 시행하기 위한 상세한 사항을 규율하기 위한 명령으로 대통령령으로 제정된다.

3. **시행규칙**

시행령이 있을 때 그에 대한 상세한 사항을 규율하기 위한 것으로, 실제 시행과 관련된 행정부서에서 제정한다.

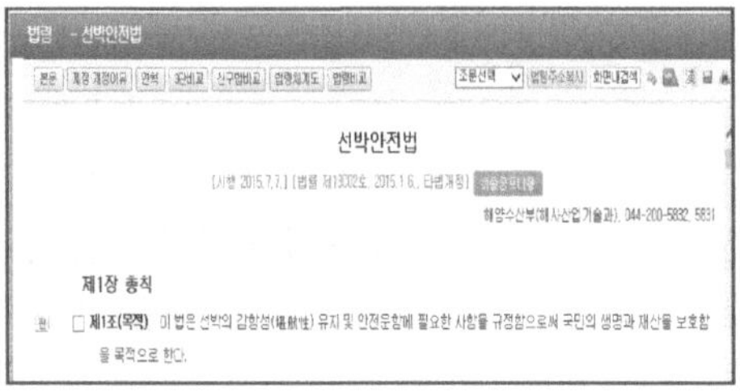

그림 32. 선박안전법 법제처 홈페이지 (https://www.law.go.kr)

그림 33. 선박안전법령 체계도의 법제처 홈페이지 (https://www.law.go.kr)

그림 34. 선박안전법 구성의 법제처 홈페이지 (https://www.law.go.kr)

그림 35. 선박안전법 구성의 법제처 홈페이지(계속)

2.1.2 선박안전법 제정·개정 이유

출처: 국가법령정보센터(2018), 선박안전법_전체 개정 · 개정이유, 다운로드 2018년 9월 9일 (Web: https://www.law.go.kr, 제정 · 개정문/제정 · 개정이유/)

선박안전법은 1962년 신규 제정된 이후 2018년 5월 1일 이전까지 총 17번의 제정 · 개정을 거쳐 왔다. 이러한 제정 · 개정의 이유는 해사안전의 확립, 국제규정의 준수 등을 위한 것으로 고려된다. 여러분들도 선박안전법의 제정 · 개정 내용을 통해서 이러한 동향을 고찰해보기 바란다.

(1) 신규제정

선박안전법은 1961년 12월 30일에 선박안전법([시행 1961.12.30.] [법률 제919호, 1961.12.30., 제정])으로 제정되었다.

신규제정 이유의 주요한 내용은, 선박으로 하여금 감항성(seaworthiness)을 유지하고 인명과 재화의 안전보장에 필요한 시설을 보유하게 함으로써 해상에서의 모든 위험을 방지하려는 것이다. 주요한 내용은 다음과 같다.

1. 원양구역을 항행하는 선박 또는 근해구역을 항행하는 총톤수 150톤 이상의 선박은 각령의 정하는 바에 의하여 만재흘수선을 표시해야 함
2. 전파관리법에 의한 무선전신 시설을 하여야 할 선박의 기준을 정함
3. 선박의 검사 및 제조검사에 필요한 사항과 기준을 정함
4. 해운관청은 정기검사에 합격한 선박에 대하여는 **선박검사증서**를, 특수선검사에 합격한 선박에 대하여는 **특수검사증서**를, 제조검사에 합격한 선박 또는 선박용 기관에 대하여는 **합격증서**를 각각 교부하도록 함

(2) 제1차 제정·개정

선박안전법은 1962년 8월 13일에 1차로 일부 개정되었다([시행 1962.8.13] [법률 제1126호, 1962.8.13., 일부개정]).

일부개정 이유는, 선박검사수첩 등과 선박항행상의 위험방지 등에 관한 각 령에 위반하는 자는 벌금, 구류 또는 과료에 처하도록 하려는 것이다.

(3) 제2차 제정·개정

선박안전법은 1967년 1월 9일에 2차로 일부 개정되었다([시행 1967.1.9] [법률 제1845호, 1966.12.9., 일부개정]).

일부 개정이유는, 5톤 미만의 여객운송에 이용되는 것은 수시로 선박검사를 받게 하고, 선급협회 직원의 책임을 명시하고, 국제협약에 따라 무선전신전화의 설비를 갖추기 위한 규정을 마련하기 위한 것이다. 주요 내용은 다음과 같다.

1. 국제항해에 종사하는 선박에만 만재흘수선 표시
2. 국제항해에 종사하는 선박으로서 무선전신시설을 갖추어야 할 선박의 범위를 500톤 이상의 선박으로부터 300톤 이상의 선박으로 확대
3. 무선전화로써 무선전신시설에 대체할 수 있는 선박을 제한
4. **소형선박의 검사제도** 신설
5. **선박검사관제** 신설함

(4) 제3차 제정·개정

선박안전법은 1970년 2월 1일에 3차로 일부 개정되었다([시행 1970.2.1] [법률 제2195호, 1970.1.1., 일부개정]).

일부개정 이유는, 1968년 7월 21일 발효한 '1966년 국제만재흘수선 협약'의 비준에 따라 만재흘수선의 지정을 받아야 할 선박의 범위를 조정하고, 연안 취항선박 중, 용도·항로 등에 따라 무선설비를 하도록 하며, 조선기술의 발달·조선용 자재의 개발에 따른 검사관계 세부사항을 교통부령에 위임하도록 하려는 것이다. 주요 내용은 다음과 같다.

1. 기술검사에 관한 사항을 대통령령에서 정하게 하던 것을 교통부령으로 정하게 함
2. 만재흘수선을 표시할 선박을 새로 정함
3. 벌칙 강화

(5) 제4차 제정·개정

선박안전법은 1973년 2월 5일에 4차로 일부 개정되었다([시행 1973.2.5] [법률 제2463호, 1973.2.5., 일부개정])

일부개정 이유는, 장관의 승인을 얻어 외국에서 선박의 수리·제조를 할 수 있도록 하려는 것이다.

(6) 제5차 제정·개정

선박안전법은 1974년 12월 31일에 5차로 일부 개정되었다([시행 1974.12.31] [법률 제2744호, 1974.12.31., 일부개정])

일부개정 이유는, 선박검사의 전문기관인 선급협회에 검사업무를 대행시킬 수 있도록 하여 선박검사의 적정화와 능률화를 기하려는 것이다.

(7) 제6차 제정·개정

선박안전법은 1982년 7월 2일에 6차로 일부 개정되었다([시행 1982.7.2] [법률 제3547호, 1982.4.1., 일부개정])

일부개정 이유는, 선박검사에 관한 사항을 보완하고, 벌칙규정을 현실에 맞도록 조정하는 한편 현행규정의 미비점을 보완하려는 것이다. 주요한 내용은 다음과 같다.

1. 특수선검사를 **임시검사**에 흡수시키고 **선박검사증서**를 가지지 아니한 선박에 대하여 행하는 **임시항행검사제도**를 신설하고, **선박시설의 결함** 등으로 해난사고를 야기 시킨 선박에 대해 특별검사 실시
2. 해운항만청장이 선박 및 선박시설에 대한 정비의 능력을 인정한 정비사업장에서 정비를 한 것에 대하여는 개별검사 생략
3. 교통부령으로 정한 물건에 대한 형식승인제도 신설, 형식승인 된 제조 또는 수입된 선박 또는 물건은 선박검사 생략
4. 제조검사의 미수검자에 대한 벌칙규정을 신설하고, 현행 벌칙규정을 현실에 맞도록 조정
5. 선박검사수수료 등의 징수근거 규정 신설

(8) 제7차 제정·개정

선박안전법은 1987년 7월 1일에 7차로 일부 개정되었다([시행 1987.7.1] [법률 제3907호, 1986.12.31., 일부개정])

일부개정 이유는, 선박 또는 선박용 물건 등의 우수 제조사업장 인정제도를 도입하기 위한 것이다. 주요 내용은 다음과 같다.

1. 선박설비 기준을 해운항만청장이 정함

2. 우수제조사업장 인정제도를 도입하여 제조검사 등을 생략
3. 선박검사증서 유효기간의 연장범위를 **관련국제협약**과 맞추기 위하여 현재의 5월에서 12월로 조정
4. 재검사 또는 재검정 신청 기간을 60일이내로 조정

(9) 제8차 제정·개정

선박안전법은 1991년 9월 9일에 8차로 일부 개정되었다([시행 1991.9.9] [법률 제4360호, 1991.3.8., 일부개정]).

일부개정 이유는, **'해상에서의 인명안전을 위한 국제협약'** (SOLAS)의 개정에 따라 세계해상조난 및 안전제도의 시행을 위한 사항을 이 법에 수용하고, 선박의 불법개조를 방지하여 선박의 안전성을 도모하며, 인명의 안전을 위하여 선박제조검사의 대상선박을 확대하는 등 미비점을 보완하려는 것이다. 주요 내용은 다음과 같다.

1. 총톤수 5톤 이상 20톤 미만의 범선을 이 법의 적용대상으로 추가
2. 해상에서의 인명안전을 위한 국제협약에 의한 세계해상조난 및 안전제도를 이 법에 수용하기 위해 무선설비설치 대상 선박의 범위를 정하고, 전파관리법령에 의한 무선설비를 갖추도록 함
3. 선박소유자는 선박검사 후에도 선박의 안전 상태를 항상 유지하도록 함
4. 길이 24미터 미만의 여객선을 선박의 제조검사대상에 포함
5. 위험물 및 특수화물의 적재 · 운송방법의 검사에 관한 업무의 검사법인 대행 가능
6. 해상에서의 인명안전을 위한 국제협약에 의한 선박검사 및 증서의 통일에 관한 규정을 고려하기 위하여 **검사증서의 유효기간**을 **현행 4년에서 5년으로 연장**
7. 선박승무원의 결함신고에 관한 필요사항을 교통부령으로 정함

(10) 제9차 제정·개정

선박안전법은 1999년 10월 16일에 9차로 일부 개정되었다([시행 1999.10.16] [법률 제5971호, 1999.4.15., 일부개정]).

개정이유는, 일부 행정규제사항의 폐지 또는 완화, 선박검사업무 대행기

관인 한국선박안전기술원의 명칭 변경 등을 하려는 것이다. 주요 내용은 다음과 같다.

1. 일부 선박의 제조 또는 개조 제도 폐지
2. 한국선박안전기술원의 명칭을 **선박검사기술협회**로 변경
3. 선박승무원이 선박의 중대한 결함을 발견하고 신고할 수 있던 제도의 폐지 (이 조항은 제11차 개정에서 다시 부활했음에 주의할 것)
4. 한국선박이 외국항만에 입항하여 그 외국정부로부터 **선박결함**이 지적된 경우 선박소유자가 이를 해양수산부장관에게 신고하도록 하던 제도 폐지 (이 조항은 제16차 개정에서 다시 부활했음에 주의할 것)

(11) 제10차 제정·개정

선박안전법은 2006년 3월 24일에 10차로 일부 개정되었다([시행 1999.10.16] [법률 제5971호, 1999.4.15., 일부개정]).

개정이유 및 주요내용은 다음과 같다.

1. 선박에 위치를 자동으로 발신하는 장치를 갖추도록 정함
2. 선박소유자 등의 보고 및 자료제출 요건 등을 정하고 행정조사 실시 전 피조사자에게 사전에 통보하도록 함

(12) 제11차 제정·개정

선박안전법은 2007년 11월 4일에 11차로 일부 개정되었다([시행 2007.11.4] [법률 제8221호, 2007.1.3., 전부개정]).

개정이유는, 부유식해상구조물을 적용대상에 포함시키고, 선장의 권한을 강화하며, 화물정보제공을 의무화하고, 산적화물선 및 유조선 그리고 선박에 적재되는 컨테이너에 대한 안전관리를 강화하기 위한 것이다. 주요내용은 다음과 같다.

1. 적용범위의 확대 : 총톤수 2톤 미만의 동력어선 포함, 부유식해상구조물 포함
2. 선박건조 이전의 관리 강화 : 선박 건조 전에 기본설계도면 등의 검사, 모든 선박에 대해서 건조검사 적용
3. 컨테이너의 안전한 관리를 위한 조치 : 선박에 적재되는 컨테이너의 안

전성 확보, 적격 컨테이너 제조업자를 위한 형식승인 및 검정제도 도입

4. 선장의 권한 및 화물에 대한 정보 제공 : 선장의 전문적인 판단을 존중하고 화물을 적재하기 전에 화물 관련 정보를 선장에게 제공

5. 산소분석 및 가스탐지기기 등 제공의무 : 유독성가스 또는 산소의 농도 측정 기기의 제공

6. 예인선 항해검사의 실시 : 예인선 검사 강화

7. 선박결함의 신고 등 : 누구든지 선박의 감항성 및 **안전설비의 결함**을 발견한 때에는 신고할 수 있고, 승선자에게 위험을 초래할 우려가 있다고 인정되는 때에는 **출항정지**를 명할 수 있도록 함

(13) 제12차 제정·개정

선박안전법은 2009년 2월 6일에 12차로 일부 개정되었다([시행 2009.2.6] [법률 제9446호, 2009.2.6., 일부개정]).

개정이유 및 주요내용은, 관련 규정의 정비와 선박안전기술공단에 대한 규정을 보완하려는 것이다.

(14) 제13차 제정·개정

선박안전법은 2009년 12월 29일에 13차로 일부 개정되었다([시행 2009.12.29] [법률 제9871호, 2009.12.29., 일부개정]).

개정이유는, 국적취득조건부나용선을 적용범위에 포함시키고, 컨테이너 형식승인판에 관한 규정 개정, **선박검사원**의 자격기준 완화 등을 위한 것이다. 주요내용은 다음과 같다.

1. 나용선을 국적취득조건부나용선으로 정의토록 함

2. **선박검사원**의 자격요건을 하위법령에 위임하도록 함

(15) 제14차 제정·개정

선박안전법은 2010년 7월 16일에 14차로 일부 개정되었다([시행 2010.7.16] [법률 제10271호, 2010.4.15., 일부개정])

일부개정 이유는, 2010년 1월 1일부터 발효되는 국제해상위험물규칙(International Maritime Dangerous Goods Code, IMDG Code)의 개정내용 수

용, IMDG에 의거한 위험물취급자 교육제도의 마련 등을 위한 것이다. 주요 내용은 다음과 같다.

1. 일부 어선의 선박안전법의 적용에서 제외
2. 위험물 업무 종사자의 교육
3. 무단 위험물 취급자에 대한 벌칙 규정 신설

(16) 제15차 제정·개정

선박안전법은 2013년 5월 22일에 15차로 일부 개정되었다([시행 2013.5.22] [법률 제11808호, 2013.5.22., 일부개정]).

개정이유 및 주요내용은, 과태료 부과대상을 축소하여 이중처벌을 방지하기 위한 것이다.

(17) 제16차 제정·개정

선박안전법은 2015년 7월 7일에 16차로 일부 개정되었다([시행 2013.5.22] [법률 제11808호, 2013.5.22., 일부개정]).

개정이유는, 세월호 사고 발생에 따른 여객선 복원성 문제 발생, <u>누구든지 선박의 감항성 및 안전설비의 결함을 발견한 때</u>에는 해양수산부장관에게 신고하도록 의무화하고, <u>**퇴직한 선박검사관이 선박검사원**</u>이 되었을 때 발생할 수 있는 문제의 해결을 위한 제도적 장치 등을 보완하기 위한 것이다. 주요내용은 다음과 같다.

1. 선박검사증서 등에 검사기록 기재
2. 선박의 복원성 기준을 충족하는 범위에서 선박의 길이 · 너비 · 깊이 · 용도의 변경 또는 설비의 개조를 할 수 있도록 정함
3. <u>누구든지 선박의 감항성 등의 결함</u>을 발견한 때는 해양수산부장관에게 신고하도록 <u>의무화</u>
4. 퇴직 직전 5년 이내 기간 중 <u>**선박검사관**</u>으로 근무했던 경력을 보유한 공무원은 퇴직일로부터 2년이 경과하지 아니한 경우 <u>**선박검사원**</u>이 될 수 없도록 규정함
5. 선박의 임의 변경 · 개조 및 복원성 유지 의무 미이행, 화물 고박 불량 등에 대한 처벌 강화

(18) 제17차 제정·개정

선박안전법은 2018년 5월 1일에 17차로 일부 개정되었다([시행 2018.5.1] [법률 제15002호, 2017.10.31., 일부개정])

개정이유 및 주요내용은, 선박용 물건 등에 대한 형식승인증서의 갱신제도 도입, 선박의 복원성 유지 의무 대상자의 확대, 컨테이너 화물 총중량 검증제도의 국내법적 근거 마련 등을 위한 것이다.

2.2 선박검사와 관련된 선박안전법의 주요 내용

출처 : 선박안전법([시행 2015.7.7.] [법률 제13002호, 2015.1.6., 타법개정], 해양수산부(해사산업기술과))

2.2.1 목적과 용어정의

선박안전법의 목적과 용어정의는 선박안전법 제1장(총칙)과 제2조(용어)에 명시되어 있다.

선박안전법의 목적은 선박의 감항성(seaworthiness) 유지 및 안전운항에 필요한 사항을 규정함으로써 국민의 생명과 재산을 보호하기 위한 것이다.

선박안전법에 적용되는 용어는 통일될 필요가 있다. 아울러 본 교재에는 다양한 영문 용어도 정의되어 있는 바, 한글과 영문 용어의 혼돈을 방지하기 위하여 다음의 용어를 잘 숙지하기 바란다.

1. 선박 : 선박은 수상 또는 수중에서 항해용으로 사용하거나 사용될 수 있는 것(선외기를 장착한 것을 포함한다)과 이동식 시추선 및 수상호텔 등 해양수산부령이 정하는 부유식해상구조물
2. 선박시설 : 선박시설은 선체 · 기관 · 돛대 · 배수설비 등 선박에 설치되어 있거나 설치될 각종 설비로서 해양수산부령이 정하는 것
3. 선박용 물건 : 선박용 물건은 선박시설에 설치 · 비치되는 물건으로서 해양수산부장관이 정하여 고시하는 것
4. 기관 : 기관은 원동기 · 동력전달장치 · 보일러 · 압력용기 · 보조기관 등의 설비 및 이들의 제어장치로 구성되는 것

5. 선외기 : 선외기는 선체 외부에 붙일 수 있는 추진기관으로서 선체로부터 간단한 조작에 의하여 쉽게 떼어낼 수 있는 것
6. 감항성 : 감항성(seaworthiness)은 선박이 자체의 안정성을 확보하기 위하여 갖추어야 하는 능력으로서 일정한 기상이나 항해조건에서 안전하게 항해할 수 있는 성능
7. 만재흘수선 : 만재흘수선은 선박이 안전하게 항해할 수 있는 적재한도의 흘수선으로서 여객이나 화물을 승선 또는 적재하고 안전하게 항해할 수 있는 최대한도를 나타내는 선
8. 복원성 : 복원성은 수면에 평형상태로 떠 있는 선박이 파도 · 바람 등 외력에 의하여 기울어졌을 때 원래의 평형상태로 되돌아오려는 성질
9. 여객 : 여객은 선박에 승선하는 자로서, 선원, 1세 미만의 유아, 세관공무원 등 일시적으로 승선한 자로서 해양수산부령이 정하는 자 등을 제외한 자를 말함
10. 여객선 : 여객선은 13인 이상의 여객을 운송할 수 있는 선박
11. 소형선박 : 소형선박은 선박길이가 12미터 미만인 선박
12. 부선 : 부선은 원동기 · 동력전달장치 등 추진기관이나 돛대가 설치되지 아니한 선박으로서 다른 선박에 의하여 끌리거나 밀려서 항해하는 선박
13. 예인선 : 예인선은 다른 선박을 끌거나 밀어서 이동시키는 선박
14. 컨테이너 : 컨테이너는 선박에 의한 화물의 운송에 반복적으로 사용되고, 기계를 사용한 하역 및 겹침 방식의 적재가 가능하며, 선박 또는 다른 컨테이너에 고정시키는 장구가 부착된 것으로서 밑 부분이 직사각형인 기구
15. 산적화물선 : 산적화물은 곡물, 광물 등 마른화물을 산적하여 운송하는 선박
16. 하역장치 : 하역장치는 화물(당해 선박에서 사용되는 연료, 식량, 기관, 선박용품 및 작업용 자재를 포함)을 올리거나 내리는데 사용되는 기계적인 장치로서 선체의 구조 등에 항구적으로 부착된 것
17. 하역장구 : 하역장구는 하역장치의 부속품이나 하역장치에 부착하여 사

용하는 물품

18. **국적취득조건부선체용선** : 국적취득조건부선체용선은 선체용선 기간 만료 및 총 선체용선료 완불 후 대한민국 국적을 취득하는 매선 조건부 선체용선을 말함

2.2.2 선박검사의 종류

선박검사의 종류는 선박안전법 제2장에 수록되어 있는데 주요한 검사 종류는 다음과 같다. 특히, 선박검사의 종류는 후술하는 항만국통제(Port State Control, PSC)와 엄밀한 관계가 있으니 숙지해야 한다.

(1) 건조검사

선박을 건조하고자 하는 자는 선박에 설치되는 선박시설에 대하여 해양수산부령이 정하는 바에 따라 해양수산부장관의 건조검사를 받아야 한다.

(2) 정기검사

선박소유자는 선박을 **최초로 항해에 사용하는 때** 또는 제16조의 규정에 따른 **선박검사증서의 유효기간이 만료된 때**에는 선박시설과 만재흘수선에 대하여 해양수산부령이 정하는 바에 따라 해양수산부장관의 정기검사를 받아야 한다.

(3) 중간검사

1. 선박소유자는 **정기검사와 정기검사의 사이에 중간검사**를 받아야 한다.
2. 중간검사의 종류는 제1종과 제2종으로 구분하며, 그 시기와 검사사항은 해양수산부령으로 정한다.
3. 해양수산부장관은 중간검사에 합격한 선박에 대하여 **선박검사증서**의 **검사기록**에 그 검사결과를 기재하여야 한다.
4. 해외수역(대한민국의 수역 외의 수역)에서의 장기간 항해, 조업 등 부득이 한 사유로 인하여 중간검사를 받을 수 없는 자는 중간검사의 시기를 연기할 수 있다.

(4) 임시검사

선박소유자는 다음 각 호의 어느 하나에 해당하는 경우에는 임시검사를 받아야 한다.

1. 선박시설에 대하여 개조 또는 수리를 행하고자 하는 경우
2. 선박검사증서에 기재된 내용을 변경하고자 하는 경우. 다만, 선박소유자의 성명과 주소, 선박명칭 및 선적항의 변경 등 선박시설의 변경이 수반되지 아니하는 경미한 사항의 변경인 경우에는 그러하지 아니하다.
3. 선박의 용도를 변경하고자 하는 경우
4. 선박의 무선설비를 새로 설치하거나 이를 변경하고자 하는 경우
5. 해양사고의 조사 및 심판에 관한 법률 제2조제1호에 따른 해양사고 등으로 선박의 감항성 또는 인명안전의 유지에 영향을 미칠 우려가 있는 선박시설의 변경이 발생한 경우
6. 해양수산부장관이 선박시설의 보완 또는 수리가 필요하다고 인정하여 임시검사의 내용 및 시기를 지정한 경우
7. 만재흘수선의 변경 등 해양수산부령이 정하는 경우

(5) 임시항해검사

정기검사를 받기 전에 임시로 선박을 항해에 사용하고자 하는 때 또는 국내의 조선소에서 건조된 외국선박(국내 조선소에서 건조된 후 외국에서 등록되었거나 외국에서 등록될 예정인 선박)의 시운전을 하고자 하는 경우에는 선박소유자 또는 선박의 건조자는 해당선박에 요구되는 **항해능력**이 있는지에 대하여 임시항해검사를 받아야 한다.

(6) 국제협약검사

국제항해에 취항하는 선박의 소유자는 **선박의 감항성 및 인명안전**과 관련하여 국제적으로 발효된 국제협약에 따른 국제협약검사를 받아야 한다.

(7) 특별검사

선박안전법 제10장에는 특별검사에 관해서 기재되어 있다. 제71조(특별검사)의 내용은 다음과 같다.

1. 해양수산부장관은 선박의 구조, 설비 등의 **결함**으로 인하여 대형 해양사고가 발생한 경우 또는 유사사고가 지속적으로 발생한 경우에는 관련되는 선박의 구조, 설비 등에 대하여 검사(특별검사)를 할 수 있다.
2. 해양수산부장관은 특별검사를 하고자 하는 경우에는 대상 선박의 범위, 선박소유자의 준비사항 등 필요한 사항을 30일전에 공고하고, 해당선박소유자에게 직접 통보하여야 한다.
3. 해양수산부장관은 특별검사의 결과 선박의 안전 확보를 위하여 필요하다고 인정되는 경우에는 선박의 소유자에 대하여 대통령령이 정하는 바에 따라 **항해정지명령** 또는 **시정 · 보완명령**을 할 수 있다.
4. 관련규정에 따라 특별검사를 받은 선박의 경우, 선박검사, 중간검사 또는 임시검사는 각각 특별검사로 본다.

(8) 재검사

선박안전법 제10장 제72조(재검사 등)에는 재검사가 다음과 같이 기재되어 있다.

1. 대행검사기관으로부터 **검사 · 검정** 및 **확인**을 받은 자가 그 결과에 대한 불복이 있는 때에는 그 결과에 관한 통지를 받은 날부터 90일 이내에 그 사유를 갖추어 해양수산부장관에게 **재검사 · 재검정 및 재확인**을 신청할 수 있다.
2. 재검사 · 재검정 및 재확인의 신청을 받은 해양수산부장관은 소속공무원으로 하여금 재검사 등을 직접 행하게 하고 그 결과를 신청인에게 60일 이내에 통보하여야 한다. 다만, 부득이한 사정이 있는 때에는 30일 이내의 범위에서 통보시한을 연장할 수 있다.
3. 대행검사기관의 검사 · 검정 및 확인에 대하여 불복이 있는 자는 제1항 및 제2항의 규정에 따른 재검사 · 재검정 및 재확인의 절차를 거치지 아니하고는 행정소송을 제기할 수 없다. 다만, 행정소송법 제18조제2항 및 제3항의 규정에 해당되는 경우에는 그러하지 아니하다.

(9) 검사업무의 대행

위에서 설명한 각종 검사업무는 대행기관을 통해서 실시할 수 있다. 검사업무 대행에 관한 조항은 제60조(검사등업무의 이행)에 기재되어 있는데,

그 내용은 다음과 같다.

1. 해양수산부장관은 다음 각 호에 해당하는 건조검사, 선박검사 및 도면의 승인 등에 관한 업무(검사등업무)를 공단에게 대행하게 할 수 있다. 이 경우 해양수산부장관은 대통령령이 정하는 바에 따라 협정을 체결하여야 한다.

   ① 건조검사, 건조검사증서의 교부 및 별도건조검사
   ② 정기검사 및 선박검사증서의 교부
   ③ 중간검사
   ④ 임시검사 및 임시변경증의 발급
   ⑤ 임시항해검사 및 임시항해검사증서의 교부
   ⑥ 국제협약검사 및 국제협약증서의 교부
   ⑦ 도면의 승인 및 승인표시
   ⑧ 선박검사증서 및 국제협약증서의 유효기간 연장
   ⑨ 선박용물건 또는 소형선박의 검정, 검정증서의 교부 및 합격을 나타내는 표시
   ⑩ 선박용물건 또는 소형선박의 확인, 확인서의 교부 및 확인을 나타내는 표시
   ⑪ 예비검사, 도면의 승인 및 승인표시, 예비검사증서의 교부 및 합격을 나타내는 표시
   ⑫ 복원성자료의 승인
   ⑬ 제한하중등의 확인 및 제한하중등확인서의 교부
   ⑭ 하역설비검사기록부의 작성 및 내용기재
   ⑮ 화물적재고박지침서의 승인
   ⑯ 강화검사
   ⑰ 예인선항해검사 및 예인선항해검사증서의 교부

2. 해양수산부장관은 선박보험의 가입·유지를 위하여 선박의 등록 및 감항성에 관한 평가의 업무(**선급업무**)를 하는 국내외 법인으로서 해양수산부장관이 정하여 고시하는 기준에 적합한 법인(**선급법인**)에 해당선급법인이 관리하는 명부에 등록하였거나 등록하려는 선박(**선급등록선박**)에 한정하여 검사등업무를 대행하게 할 수 있다. 이 경우 해양수산부장관은 대통령령으로 정하는 바에 따라 협정을 체결하여야 한다. 협정의 기간은 5년 이내로 하며, 해양수산부령이 정하는 바에 따라 이를 연장할 수 있다.

3. 공단 및 선급법인이 검사등업무의 대행을 하는 때에는 대행과 관련된 자체검사규정을 제정하여 해양수산부장관의 승인을 받아야 한다. 승인을 받은 사항을 변경하려는 경우에도 또한 같다.
4. 아울러, 제11장 보칙의 제73조(선급법인의 선박검사)에는 '선급등록 선박은 해양수산부령이 정하는 선박시설 및 만재흘수선에 한하여 이 법에 따른 선박검사를 받아 이에 합격한 것으로 본다.' 고 기재되어 있다.

2.2.3 항만국통제

항만국통제는 선박안전법 제9장에 기재되어 있다. 항만국통제는 후술하는 Port State Control(PSC)의 시행을 위한 것임으로 잘 숙지하여 PSC 내용과의 연계성을 확립하기 바란다.

(1) 항만국통제

선박안전법 제9장의 제68조(항만국통제)의 내용은 다음과 같다.

1. 해양수산부장관은 외국선박의 구조, 설비, 화물운송방법 및 선원의 선박운항지식 등이 대통령령으로 정하는 선박안전에 관한 국제협약에 적합한지 여부를 확인하고 그에 필요한 조치(항만국통제)를 할 수 있다.
2. 해양수산부장관은 제1항의 규정에 따른 항만국통제를 하는 경우 소속공무원으로 하여금 대한민국의 항만에 입항하거나 입항예정인 외국선박에 직접 승선하여 행하게 할 수 있다. **이 경우 당해 선박의 항해가 부당하게 지체되지 아니하도록 하여야 한다**.
3. 해양수산부장관은 제1항에 따른 항만국통제의결과 외국선박의 구조, 설비, 화물운송방법 및 선원의 선박운항지식 등이 제1항에 따른 국제협약의 기준에 미달되는 것으로 인정되는 때에는 해당선박에 대하여 수리 등 필요한 **시정조치**를 명할 수 있다.
4. 해양수산부장관은 제1항에 따른 항만국통제 결과 선박의 구조, 설비, 화물운송방법 및 선원의 선박운항지식 등과 관련된 **결함**으로 인하여 해당 선박 및 승선자에게 현저한 위험을 초래할 우려가 있다고 판단되는 때에는 **출항정지**를 명할 수 있다.
5. 외국선박의 소유자는 제3항 및 제4항에 따른 **시정조치명령** 또는 **출항정**

지명령에 불복하는 경우에는 해당명령을 받은 날부터 90일 이내에 그 불복사유를 기재하여 해양수산부장관에게 이의신청을 할 수 있다.

6. 제5항의 규정에 따라 이의신청을 받은 해양수산부장관은 소속 공무원으로 하여금 당해 시정조치명령 또는 출항정지명령의 위법과 부당여부를 직접 조사하게 하고 그 결과를 신청인에게 60일 이내에 통보하여야 한다. 다만, 부득이한 사정이 있는 때에는 30일 이내의 범위에서 통보시한을 연장할 수 있다.
7. 시정조치명령 또는 출항정지명령에 대하여 불복이 있는 자는 제5항 및 제6항의 규정에 따른 이의신청의 절차를 거치지 아니하고는 행정소송을 제기할 수 없다. 다만, 행정소송법 제18조제2항 및 제3항의 규정에 해당되는 경우에는 그러하지 아니하다.
8. 제3항 내지 제7항의 규정에 따른 외국선박에 대한 조치 및 이의신청 등에 관하여 필요한 사항은 대통령령으로 정한다.

(2) 외국의 항만국통제

외국의 항만국통제는 제69조에 다음과 같이 기재되어 있다.

1. 선박소유자는 외국 항만당국의 항만국통제에 의하여 선박의 결함이 지적되지 아니하도록 관련되는 국제협약 규정을 준수하여야 한다.
2. 해양수산부장관은 **외국 항만당국의 항만국통제에 의하여 출항정지 처분을 받은 대한민국 선박**이 국내에 입항할 경우, 관련되는 선박의 구조, 설비 등에 대하여 점검(**특별점검**)을 할 수 있다. 다만, 외국정부에서 확인을 요청하는 경우 등 필요한 경우에는 외국에서 특별점검을 할 수 있다.
3. 해양수산부장관은 다음 각 호의 대한민국 선박에 대하여 외국항만에 출항정지를 예방하기 위한 조치가 필요하다고 인정되는 경우 해양수산부령이 정하는 바에 따라 관련되는 선박의 구조, 설비 등에 대하여 특별점검을 할 수 있다.

   ① 선령이 15년을 초과하는 산적화물선, 위험물운반선

   ② 그 밖에 해양수산부령이 정하는 선박
4. 해양수산부장관은 특별점검의 결과 선박의 안전 확보를 위하여 필요하

다고 인정되는 경우에는 해당선박의 소유자에 대하여 해양수산부령이 정하는 바에 따라 **항해정지명령** 또는 **시정・보완 명령**을 할 수 있다.

5. 아울러, 제70조에는 공표가 기재되어 있는데 다음과 같다. 해양수산부장관은 외국 항만당국의 **항만국통제로 인하여 출항정지명령**을 받은 대한민국 선박에 대하여는 대통령령이 정하는 바에 따라 당해 선박의 선박명칭, 총톤수, 출항정지 사실 등을 공표할 수 있다.

2.2.4 결함신고

선박안전법 제74조에는 '결함신고에 따른 확인 등'이 기재되어 있다. 이 내용은 항해사에게 중요함으로 잘 숙지하기 바란다. 제74조(결함신고에 따른 확인 등)의 기재 내용은 다음과 같다.

① 누구든지 선박의 감항성 및 안전설비의 결함을 발견한 때에는 그 내용을 해양수산부장관에게 신고하여야 한다.

② 해양수산부장관은 제1항의 규정에 따라 신고를 받은 때에는 소속 공무원으로 하여금 지체 없이 그 사실을 확인하게 하여야 한다.

③ 해양수산부장관은 제2항의 규정에 따른 확인 결과 결함의 내용이 중대하여 해당선박을 항해에 계속하여 사용하는 것이 당해 선박 및 승선자에게 위험을 초래할 우려가 있다고 인정되는 경우에는 해당결함이 시정될 때까지 **출항정지**를 명할 수 있다.

④ 누구든지 제1항의 규정에 따라 신고한 자의 인적사항 또는 신고자임을 알 수 있는 사실을 다른 사람에게 알려주거나 공개 또는 보도하여서는 아니 된다.

2.2.5 선박검사관

선박안전법 제76조에는 '선박검사관'에 관해서 기재되어 있다. 선박검사관을 희망하는 독자들은 잘 숙지하기 바란다. 제76조(선박검사관)의 기재 내용은 다음과 같다.

해양수산부장관은 필요한 경우 소속 공무원 중에서 해양수산부령으로 정하는 자격을 갖춘 자를 선박검사관으로 임명하여 다음 각 호에 해당하는 업무를 수행하게 할 수 있다.

① 건조검사, 정기검사, 중간검사, 임시검사, 임시항해검사, 국제협약검사, 위험물 적재방법의 적합 여부에 대한 검사, 강화검사, 예인선항해검사, 특별점검, 특별검사 및 재검사, 재검정, 재확인 등에 관한 업무

② 선박용물건 또는 소형선박의 검정, 컨테이너검정에 관한 업무

③ 대행업무의 차질에 따른 직접 수행에 관한 업무

④ 항만국통제에 관한 업무

⑤ 결함신고 사실의 확인에 관한 업무

⑥ 선박 또는 사업장의 출입 및 조사에 관한 업무

아울러, 제76조의2에는 선박검사관의 취업제한에 관해서 다음과 같이 기재되어 있다. 공직자윤리법 제17조에도 불구하고 **퇴직 직전 5년 이내 기간 중 선박검사관으로 근무했던 경력을 보유한 공무원은 퇴직일부터 2년이 경과하지 아니한 경우** 선박검사원이 될 수 없다.

3. 선박안전법시행령

출처 : 선박안전법시행령([시행 2015.10.8.][대통령령 제26385호, 2015.7.6., 일부개정] 해양수산부(해사산업기술과))

선박안전법시행령의 목적(제1조)은 선박안전법에서 위임된 사항과 그 시행에 필요한 사항을 규정함을 목적으로 한다. 아울러 제2조에는 선박안전법의 적용이 제외되는 선박이 기재되어 있다. 적용제외 선박은 다음과 같다.

1. 선박검사증서를 발급받은 자가 일정 기간 동안 운항하지 아니할 목적으로 그 증서를 해양수산부장관에게 반납한 후 계류한 선박
2. 수상레저안전법 제37조에 따른 안전검사를 받은 수상레저기구
3. 2007년 11월 4 일 전에 건조된 선박 중 다음 각 목의 어느 하나에 해당하는 선박

   ① 추진기관 또는 범장이 설치되지 아니한 선박으로서 평수구역 안에서만 운항하는 선박. 다만, 여객운송에 사용되는 선박 등 해양수산부령으로 정하는 선박은 제외한다.

   ② 추진기관 또는 범장이 설치되지 아니한 선박으로서 연해구역(영해기점으로부터 20해리 이내의 수역과 해양수산부령으로 정하는 수역)을 운항하는 선박 중 여객이나 화물의 운송에 사용되지 아니하는 선박. 다만, 추진기관이 설치되어 있는 선박에 결합하여 운항하는 압항부선 또는 잠수선 등 특수한 구조로 되어 있는 선박으로서 해양수산부장관이 정하여 고시하는 선박은 제외한다.

4. 선박안전법시행규칙

출처 : 선박안전법시행규칙([시행 2015.7.15.] [해양수산부령제151호, 2015.7.15., 일부개정] 해양수산부(해사산업기술과))

선박안전법시행규칙 제1장의 총칙 제1조에는 이 규칙의 목적이 기재되어 있다. 이 규칙의 목적은, 선박안전법 및 같은 법 시행령에서 위임된 사항과 그 시행에 필요한 사항을 규정함을 목적으로 한다.

아울러 제2조에는 이 규칙에서 사용하는 용어의 의미가 다음과 같이 설명되어 있다.

1. 선령 : 선령은 선박이 진수한 날부터 지난 기간
2. 위험물산적운송선 : 위험물산적운송선은 액체상태의 위험물을 산적하여 운송할 수 있는 구조로 된 선박
3. 국제항해 : 국제항해는 한 나라에서 다른 나라의 항구에 이르는 항해 또는 그 반대의 항해
4. 수면비행선박 : 수면비행선박은 표면효과 작용을 이용하여 수면에 근접하여 비행하는 선박
5. 검사기준일 : 검사기준일은 선박검사증서의 유효기간 시작일 부터 해마다 1년이 되는 날

그리고 제3조에는 부유식해상구조물에 대해서 기재되어 있고, 그 내용은 다음과 같다.

1. 이동식 시추선 : 액체상태 또는 가스 상태의 탄화수소, 유황이나 소금과 같은 해저 자원을 채취 또는 탐사하는 작업에 종사할 수 있는 해상구조물(항구적으로 해상에 고정된 것은 제외)
2. 수상호텔, 수상식당 및 수상공연장 등으로서 소속 직원 외에 13명 이상을 수용할 수 있는 해상구조물(항구적으로 해상에 고정된 것은 제외)
3. 다음에 해당하는 기름 또는 폐기물 등을 산적하여 저장하는 해상구조물
   - 해양환경관리법에 따른 기름
   - 폐기물관리법에 따른 폐기물
   - 하수도법에 따른 하수, 분뇨 및 하수도, 공공하수도, 하수처리구역의

유지 및 관리와 관련하여 발생되는 준설물질 및 오니(처리 후의 찌꺼기 등을 의미함)

- 수질 및 수생태계보전에 관한 법률에 따른 폐수
- 가축분뇨의 관리 및 이용에 관한 법률에 따른 가축분뇨
- 선박 및 해양시설에서 사람의 일상적인 활동에 따라 발생하는 분뇨

4. 위험물을 산적하여 저장하는 해상구조물

제3장 선박검사 실무

선박검사는 선박에 존재하는 방대하고 다양한 각종 장비, 기구, 시설 등에 대해서 실시된다. 이러한 모든 선박 시설들을 단시간에 학습하기는 어렵다.

그래서 선박검사는 직접 현장에서 학습하는 것이 최선이고, 선박의 풍부한 경험이 우선되기도 한다.

그러나 현장에 투입되기 전에 어떠한 내용이 선박검사 대상인지 알아야 한다. PSC와 관련된 국제규정에 의거하여 실행되어야 할 다양한 선박설비의 검사방법을 학습하여 실전에 대비하자.

- 저자 -

1. 개요

1.1 학습 목적

실제 선박에서 이루어지고 있는 다양한 선박검사의 종류와 내용 및 검사 방법 등을 학습하여 실전에 대비하기 위한 것이다.

한편, 이러한 실전을 학습하기 이전에 PSC 관련 국제규정의 학습이 우선 필요하지만, 이것은 닭이 먼저인지 달걀이 먼저인지에 관한 것으로써, 우선 독자들의 이해 증진을 위하여 실전을 먼저 설명한 것이다.

1.2 학습 내용

선박검사 내용을 현장적용을 중심으로 종합적으로 고찰한다. 실제 선박에서 선박검사를 위해서는 무엇을 해야 하는지? 무엇을 알아야 하는지? 등에 관한 의문을 해결하기 위한 내용을 학습한다.

1.3 주요 내용

1. 선박검사 내용의 18가지 점검목록
2. 각종 선박 시설과 장비 등에 관한 검사 방법
3. 각종 선박 시설과 장비 등의 검사에 관한 용어
4. 주요한 시설, 장비, 장치, 기구 등의 주요 지적사항
5. 선박검사 시나리오

2. 선박 검사 목록

출처 : Marine Insight(2020), A List of Inspections And Surveys Deck Officers On Ships Should Be Aware Of, 다운로드 2019년 8월 1일 (Web: https://www.marineinsight.com/maritime-law/a-list-of-inspections-and-surveys-deck-officers-on-ships-should-be-aware-of/)

이 내용은 상기 출처의 영문 자료를 참고하여 저자가 이해한 내용을 국문으로 해석한 것임을 밝힌다.

위의 출처 자료는 Marine Insight사의 1항사 아비섹 바나왓(Abhishek Bhanawat)이 항해사들을 위하여 자신의 경험을 기술한 것으로, 각종 PSC 관련 국제 협약과 규정 등을 근거하여 작성한 것이다. 실제 현장에서의 선박검사 실무에 도움이 될 것으로 고려된다. 아울러, 이 내용은 Marine Insight의 견해일 뿐 엄밀한 국제법적인 타당성에 대해서는 후술하는 각종 관련 규정을 참고해야함을 명심하기 바란다.

이 내용을 통해서 항해사가 주의해야할 선박검사 내용을 요약하여 이해한 후, 후술하는 다양한 국제규정과 PSC 지적사항에 대해서 학습해 보자.

2.1 선박 검사 방법의 요약

2.1.1 주기적인 조사와 검사

선박은, 선박의 안전성과 감항성(seaworthiness)이 보장되기 위해서 주기적인 **검사(survey)**와 **점검(inspection)**을 받아야 한다. 특히, 국제항해에 종사하는 선박은 날로 엄격해지고 있는 해양법 준수를 위하여 그리고 항해의 지속을 위한 최소한의 요건을 만족하기 위하여 일련의 검사를 받아야 한다. 우선 다음과 같이 영어 용어를 정의한다.

- Survey : 선박의 상태를 점검하거나 수량을 측정하여 규정에 적합한지 등을 검사는 것으로, **'검사'** 라 한다.
- Inspection : 선박의 외관 상태를 측정하거나 확인하는 물리적인 행위에 초점을 둔 것으로, **'점검'** 이라 한다.
- Examination : 선박 관련 장비, 시설 등의 성능을 확인하기 위하여 실험

자료를 모으고 이를 기준과 비교하는 행위를 말하는 것으로, **'시험'** 이라 한다.

- Test : Examination과 유사한 의미로 사용되는 경우도 있고, 엄밀하게 구분할 수는 없으나, Test는 비파괴적인 행동이 수반되는 것과 조직상의 성능확인 등의 경우에 사용되는 경우가 많다. 본 교재에서는 영어 그대로 **'테스트'** 라 한다.

2.1.2 연차검사와 인증

선급(classification society; 기국 정부에서 인증한 공식적인 선박검사 기관)에 의한 연차검사(annual survey)와 인증은 선박운항 안전에 필수적이다. 다양한 인증서(certificate)는 선급 검사관이 선박의 상태, 기능, 운항 및 유지보수 요건 등을 준수하는지의 여부를 확인한 후 발급한다.

선급 검사관은 해당 선박의 검사 내용이 연차검사 내용과 동일하다는 것을 확인한 후 연차검사와 동일한 증명서를 승인한다. 연차검사의 종류에는, 안전장비 검사(safety equipment survey), 국제유류오염방지증서 검사(international oil pollution prevention certificate survey), 국제대기오염방지증서 검사(international air pollution prevention certificate survey), 안전무선 검사(safety radio survey) 등이 있다.

*참고 : 위에 설명된 영문 규정 명칭은 정확한 것이 아니고 약칭하여 표기된 것임에 주의하기 바란다. 국제규정에 명시된 각종 영문 규정 명칭은 길이가 대단히 길고 복잡하기 때문에 위와 같이 약칭하여 기술된 것이다. 정확한 용어는 후술하는 HSSC에서 학습한다.

2.1.3 대리점의 지정

연차검사를 수행하기 전에, 회사는 일명 에이전트(agent)라 불리는 독립된 서비스 대리기관을 지정한다. 특히, 소화와 관련된 장비 또는 시설 등은 선박에서 점검 또는 보완하기 곤란하거나 불가능한 경우가 있는데, 이 때 대리점을 통하여 외부전문 업체에 의뢰하는 경우가 많다.

소화와 관련한 연차검사 대상 장비는, 소화기(fire extinguisher), 고정식 소화설비(fixed fire extinguishing installations), 고정식 포말(foam - 또는

'폼' 이라 부르기도 한다) 소방 설치에 관한 연간 포말성분분석 등이 있다. 인명구조 설비와 관련된 연차검사 대상 장비는, 구명정 장비와 진수 장치 등이 있다.

2.1.4 장비 시스템

장비 시스템의 연차 서비스 및 검사는, 인가된 실험실, 서비스 회사, 제조업체 또는 제조업체에서 훈련된 인력, 육상의 유지보수 제공업체, 선급이 인정한 서비스 업체 및 기국에서 승인한 서비스 요원 등 다양한 기관과 전문가에 의해서 수행될 수 있다.

2.1.5 선박검사의 기준

선박검사의 기준은 기국(flag states)을 대표하여 인정된 선급에서 정한다. 선급은 국제규정에 의거하여 필요한 증명서(또는 증서)를 발급하거나 재검증한다. 모든 기국은 검사요건의 간소화를 도모하고 있는데, 이에 따라 선급은 동일한 검사 항목의 통일되고 조화로운(harmonized*) 적용을 위해서 검사 프로그램의 점검목록(checklist*)을 개발하여 제공하고 있다.

- 조화로운(harmonized) : PSC에서는 harmonized란 용어가 자주 등장한다. 이것은, 다양한 규정이나 지침 등이 선박검사에 서로 일관되고 통일되게 적용되기 위한 시스템이나 방법 등을 의미한다. 이 용어는 후술하는 HSSC에서 자주 등장함으로 상세한 내용은 HSSC를 참고 바란다.
- 점검목록(checklist) : 이것은 관련 규정에 명시되어 있는 점검요구사항들을 요약하여 쉽게 체크하기 위한 것이다. 후술하는 로이드선급(LR), 한국선급(KR) 등의 점검목록 내용을 통해서 학습한다.

2.1.6 추가검사

선박에 대해서 선급조건이 부여된 후, 중요한 장비에 중대한 결함이 발견되어 선박의 감항성과 안전성을 위협할 수 있는 경우, 추가검사(additional survey)를 실시할 수 있다.

예로서, 선박을 인양해야 할 정도의 선체 균열, 추진 또는 조타기의 고장, 주요한 선체 철재의 교체, 대형 사고로 이어질 수 있는 안전조치 시스템의 고장, 유수분리 장치(Oily Water Separator, OWS) 또는 유류배출감시 및 제어시스템(oil discharge monitoring and control system)의 오작동, 또는 선급에서 발행된 인증서의 무효 등이 있다. 이러한 중대한 결함이 수리 또는 교정 조치된 후, 선급은 철저한 검사와 점검을 실시하여 인증서를 재발행(reissue) 또는 재인증(re-endorse)한다.

2.1.7 드라이-도크 검사

드라이-도크(Dry dock)*에서의 검사 또는 임시검사 등은 선박장비의 다양한 기능과 운영 및 유지보수를 검증하는 것 보다 더 광범위하다. 드라이-도크 검사는 연차검사의 한 가지 형태이다.

- Dry-dock : 선박을 육상의 수리시설 또는 육상 부근 해상에 떠 있는 부유식 수리시설 등에 올려서 선체 하부를 포함한 선박 전체의 외관 및 기능을 점검하거나 수리하기 위한 시설을 말한다. 한편, 선박의 거치대라는 의미에서 '선거' 라 부르기도 한다.

2.1.8 선체구조 검사

선체구조 검사는 주로 선체의 구조강도에 초점을 맞춘 것이다. 이러한 검사는 갑판 또는 선체에 과도한 부식(corrosion)이 있는지에 집중되는데, 이 때 방수문, 빌지 펌프(bilge pump), 배수 시스템, 방화 장비와 고정 또는 이동식 소화 장비 등의 상태가 검사된다. 아울러, 갑판에 있는 앵커체인(anchor chain)과 케이블(cable)의 상태, 비상탈출(emergency escape)의 수단 등도 점검된다.

2.1.9 로드-라인 검사

선박의 로드-라인(Load Line, LL)*을 지정하기 위하여 로드-라인 검사가 실시되는데, 이 기간 동안 선박의 구조강도를 확인하여 선체 균열 또는 변형이 확인된다. 아울러 해치(hatch), 기계 공간의 개구부 또는 갑판의 다양한 개구부를 방수 처리하고, 데크-라인(deck line), 로드-라인, 흘수 라인-마크(draft line mark) 등이 도색된다.

- 로드-라인 : 이것은 선박 자체의 무게에 더한 화물이 차지하는 양을 선박의 외관에 표시한 선을 의미한다. 로드-라인의 표기법과 종류는 다양한데, 그 내용은 방대하니 관련된 문헌을 참고하기 바란다.

2.1.10 안전장비 검사

안전장비 검사는 선내 안전시스템의 상태와 관리를 포함한다. 비상배치표(Muster list), 구명조끼 착용 안내서, 구조정 강하 안내서, 비상배치 스테이션(Muster station)은 항상 갱신되어야 하고 필요한 장소에 게시되어 있어야 한다. 아울러 비상탈출 스테이션(emergency muster station)은 화살표로 표시한다.

2.1.11 화재통제계획 검사

화재통제계획의 검사는, 화제통제 위치, 화재감지 계통, 소방펌프, 소방호스, 노즐(nozzle), 호스 박스(horse box), 국제해안연결장치(International Shore Connections, ISC), 소방장비상태 및 작동준비 상태 등을 검사하기 위한 것이다.

아울러, 휴대용 소화기의 정비기록과 점검일자, 비상등 및 경보장치, 압력시험용 화재 메인장치, 격리 밸브(isolation valve)와 포말 터렛(foam turret)의 조작용이성 등을 조사한다. 또한, 소방복장(Fireman' s outfit)과 자장식호흡기(breathing apparatus) 등의 준비상태와 사용여부 등이 점검된다.

2.1.12 선급

기국(flag states)으로부터 각종 검사 권한을 위임 받은 선급은 선박의 검사와 점검을 실시하는데, 기국은 선급을 통해서 SOLAS, MARPOL, Tonnage, MLC 및 기타 다양한 국제협약에 의거한 각종 증서를 발급한다.

2.1.13 선급의 점검 목록

일부 선급의 경우는 다양한 선내 장비와 기구에 대한 점검, 유지보수 및 검사기록을 명시한 조직적인 표 또는 검사용 점검목록이 있다. 이 점검목록에는 IMO가 발행한 협약 또는 회람(circular)에 규정된 요건에 따라서 제조자 또는 검사절차 등에 대한 주간, 월간, 6개월, 연간 또는 5년 등의 주기에 대한 유지관리 또는 검사절차가 명시되어 있다.

한 가지 예로서, 선박의 배수량 등곡선도(Hydrostatic curve)와 같은 선박의 유체정역학적 특성 시험(Hydrostatic testing)과 비상탈출 호흡장치(Emergency Escape Breathing Devise, EEBD), 사다리와 탈출 사다리 등의 연간 시험 등이 있다.

2.1.14 5년 주기의 건조 또는 드라이-도크 검사

5년마다 실시되는 건조(dry) 또는 드라이-도크(dry dock) 검사는 선급의 지침에 의거하여 철저한 점검과 테스트가 이루어지고 있는 것 중 가장 어렵다.

2.1.15 유조선과 가스의 터미널 안전 검사

유조선과 가스 산업의 경우, 취급하는 화물의 위험성 때문에 종종 터미널 안전점검(Terminal Safety Inspection)을 받는다. 터미널 안전 관리자(PSC의 경우는 PSCO에 해당) 또는 대리인이 선박을 방문하여 선박이 터미널 요구 사항에 따라서 안전하게 운영되고 있는지 확인한다.

이러한 검사는 추진기, 조타장치 등과 함께 선박의 안전 및 항법장비의 작동 준비 태세에 국한되며, 화물운송작업 전후에 선박이 비상사태에 대처할 준비가 되어 있는지에 중점을 두고 검사한다.

검사 중에 발견된 모든 결함은 선박의 거부(rejection)또는 결함의 보완을 위한 이선 금지(un-berthing) 등으로 이어질 수 있다. 만약, 부적합한 사항이 보고되면, 터미널은 추가 검사 또는 점검을 위해서 해당 선박을 **블랙리스트(blacklist)**에 올릴 수 있다.

2.1.16 ISM 코드

현재 선박에는, 선박의 안전운항 및 오염방지를 위한 국제관리 코드

(International Safety Management Code, ISM)에 의해서 **내부감사(Internal audit)**와 관리검토를 위한 절차수립에 대한 안전관리 시스템의 기능적인 요구사항이 부여되어 있다. 이러한 내부감사는, 선박관리자, 운영자, 국적취득조건부 선체용선(bare boat charterers) 업체 또는 소유주 등에 의해서 수행된다. 관련된 내용은 다음과 같다.

1. 회사는 안전 및 오염 방지 활동이 안전관리 시스템을 준수하는지의 여부를 확인하기 위해 **내부안전감사(internal safety audit)**를 실시한다. 이러한 감사에서는, 각종 검사와 문서화된 절차 및 지침 사이에서 선박과 장비의 상태가 유지되고 있는지 확인하고, 또한, 안전항해와 몇 가지 중요한 선내 장비의 작동 및 유지보수를 제공하기 위한 절차에 대한 점검도 수행되어야 한다.

2. 내부감사 시, 관련된 문서에 의거하여 훈련과 안전에 대한 친숙화 정도 및 훈련 프로그램이 검토되고 점검된다. 아울러, 기록되거나 보고된 비호환성, 사고 및 위해성 발생 등에 대한 절차와 문서 등도 발행된 회사 지침에 의거하여 검증된다. 이러한 내부감사 중에서 자주 발견되는 중요한 우려사항은, 회사절차를 준수하지 않거나 또는 구식이나 오래된 문서와 양식을 사용하는 것이다.

3. 이러한 내부감사에는, 선상 관리팀이 변경된 감사사항을 전달하거나 회사가 정한 절차를 검토할 수 있도록 별도의 검토조항이 포함되어 있다.

4. 일반적으로 기국에 의한 연간 ISM 감사(Annual ISM Audit)로 더 잘 알려진 **외부안전 감사관(External Safety Auditor)**은 내부감사와 유사한 패턴으로 감사를 수행한다. 이 검사관은, 안전 및 오염방지에 대한 특정 요건을 충족할 수 있는 능력평가에 기초하여, 연간검사, 중간검사 또는 추가검사 등의 대상이 되는 안전관리증서(safety management certificate)를 발급한다. 감사 과정에서 지정된 선원과 사관들은 선박장비에 대한 친숙 정도와 ISM 코드와 관련된 회사지침과 정책에 대한 질문도 받게 된다.

2.1.17 OCIMF SIRE 점검

OCIMF SIRE는 석유산업에서 칭하는 용어로서, 석유회사 국제해상포럼(Oil companies International Marine Forum, OCIMF)의 선박검사보고 프로그램(Ship Inspection Report Programme, SIRE)을 의미한다. 원유수송 산업에서, OCIMF SIRE 점검은 **정밀점검(Vetting inspection)**으로 더 잘 알려져 있다.

이 정밀점검은 선박검사 정보의 이용 가능성을 확대하는 것이 주요 목표이다. SIRE 회원들은 선박안전의 증진이 주요 목표인데, 평균 한 달에 600개 이상의 SIRE 점검이 수행된다. 석유회사 국제해상포럼(OCIMF)은 규정에 의거하여 유조선용 선박점검 질문지(Vessel inspection Questionnaire, VIQ)와 화학제품운반선용 화학물질공급협회(Chemical Distribution Institute, CDI)의 점검목록을 만들었다. 검사에 대한 결과는 SIRE 웹사이트에 업-로드되어 있다.

- Vetting Inspection : 이것은 '철저한 검사'를 의미하는 것으로 선박등급을 결정하는 시스템을 의미하는 것으로, 용선업체가 유사한 선박들을 비교하여 자신에게 가장 적합한 선박을 선택함으로써 효율성을 극대화하기 위한 것이다. 이 시스템은 주로 석유산업에 적용되고 있다. (출처: Nikolaos Souvlas, A few words about vetting inspection on ships, 참고일자 2020년 9월 7일, Web: https://www.linkedin.com/pulse/20140731111846-158951296-a-few-words-about-vetting-inspection-on-ships)

2.1.18 항만국 점검

항만국 점검(Port State Inspection)은 행정기관에서 수행하는 것으로, 항만을 출입하는 외국적 선박이 의무적인 규칙과 규정을 준수하는지를 검증하기 위한 제도이다. 항만당국은 국제협약의 운영요건(예를 들어, SOLAS, MARPOL)과 관련하여 심각한 결함이 있다는 **명백한 근거(clear ground)**가 있는 경우, **출항정지(detention)**를 명령할 수 있다.

종종 항만국은 PSC에 관한 양해각서(Memorandum of Understanding, MOU 또는 MoU)를 체결하는데, 이에 따라 항만국은 집중점검 캠페인(Concentrated Inspection Campaign, CIC) 또는, 집중검사 프로그램(Concentrated Inspection Programme, CIP)을 수행한다.

또한, MOU 지역 내에서 항만으로 호출할 특정 선박 수의 목표를 설정하고, 특정한 선내 운영절차 또는 장비를 검사한다. 예를 들어, 파리(Paris)

MOU와 인도양 MOU의 경우에는 밀폐된 공간 출입절차(Enclosed Space Entry procedures)에 대해서 집중적인 점검을 시행한 바 있다.

따라서 항해사관은 대부분의 검사와 점검이 ISM, ISPS, FFA, LSA 코드에 추가하여 SOLAS, MARPOL 등과 같은 다양한 규정과 절차에 의해서 상세하게 진행되고 있음에 주의해야 한다. 아울러, 각종 절차에 대한 최신 지식을 갖추고 직접 장비를 테스트할 수 있는 준비를 유지하는 것이 검사 또는 점검 이전에 해야 할 주요한 사항이다.

구명장비와 항해 안전에 관한 집중검사 캠페인(Concentrated Inspection campaigns, CIC)에 대한 예를 들면 다음과 같다.

① 구명장비와 항해의 안전에 관한 항만국통제 CIC는 언제부터 언제까지 시작되는지가 공표되어 있다.

② CIC는 특정 주제에 초점을 맞춘 정기검사이고, 이 정기검사 중에 3개월 동안 추가 점검목록을 이용하여 PSC 검사가 진행된다.

③ 이러한 PSC의 CIC에 관한 뉴스는 DNV-GL*에서 어떻게 향후 검사를 준비하는지를 요약하여 설명한 것이다.

- DNV-GL : DNV-GL은 노르웨이 선급협회(Det Norske Veritas, DNV)과 독일 선급협회(Germanischer Lloyd, GL)가 2013년에 합병한 선급의 명칭이다.

2.1.19 선박 검사관련 용어 정리

위에서 소개한 18가지 선박검사 방법에 나타난 용어를 정리하면 다음과 같다.

1. periodic surveys and inspections : 정기검사와 정기점검

2. seaworthiness : 감항성

3. classification society : 선급협회 또는 선급

4. endorsement : 승인

5. annual surveys : 연차검사

6. intermediate survey : 중간검사

7. safety equipment survey : 안전장비 검사
8. equipment and launching appliances : 장비와 진수 장비
9. authorized by the flag : 기국에 의해서 승인된
10. flag states : 기국
11. muster stations : 비상배치 스테이션
12. Emergency Escape Breathing Devises(EEBD) : 비상탈출호흡장비
13. International Management Code(ISM) : 국제안전규약 또는 국제안전코드
14. Oil companies International Marine Forum(OCIMF) : 원유회사 국제해상 포럼
15. Vessel inspection Questionnaire(VIQ) : 선박검사 질문서
16. CDI checklist : 화학물질공급협회(Chemical Distribution Institute)의 점검목록
17. Concentrated Inspection Campaigns(CIC) : 집중점검 캠페인
18. Paris and Indian Ocean MOU SOLAS, MARPOL, Tonnage, MLC, ISM , ISPS , FFA , LSA code : 이것들은 제6장에 상세하게 설명되어 있다.

3. 각종 장비 검사 방법

출처 : Marine Insight(2020), 40 Ship Certificates and Documents that are Checked in a Port State Control (PSC) Survey, 참고일자 2020년 9월 7일 (Web: https://www.marineinsight.com/maritime-law/40-ship-certificates-and-documents-that-are-checked-in-a-port-state-control-psc-survey/)

3.1 소화기

선박에는 다양한 소화기가 있다. 소화기는 화재연료로 작용하는 물질의 종류에 따라 다양한 종류가 사용된다. 화재종류는 화재에 적용된 연료의 종류에 따라 분류되기 때문에 소화기 역시 화재 종류에 따라서 분류된다.

휴대용 소화기(portable fire extinguishers)는 화재가 우려되는 지역에 존재하는 화원(fire sources)의 종류에 따라서 여러 곳에 설치된다. 휴대용 소화기는 화재진압에 가장 편리하고 빠른 방법 중 하나이다.

소화기는 다음과 같이 주로 5개의 주요 등급으로 분류된다.

① A급 : 목재, 유리 섬유, 실내 장식 및 가구 등에 의해서 발생되는 화재

② B급 : 기름, 연료 등의 액체에 의해서 발생되는 화재

③ C급 : 모터, 스위치, 전선 등 전기 장비에 의해서 발생되는 화재

④ D급 : 마그네슘, 알루미늄 등의 가연성 물질로 인해 발생되는 화재

⑤ E급 : 위에서 언급한 물질 중 하나와 고전압전기로 인해 발생되는 화재

휴대용소화기의 종류는 주로 다음과 같이 5개로 구분되는데, 이것은 위에서 언급한 5개의 화재등급 별로 다른 소화기를 사용하기 위한 것이다.

1. 소다산 소화기 Soda Acid Extinguisher
2. 물 소화기 Water Extinguisher
3. 폼(또는 거품 또는 발포) 소화기 Foam Extinguisher
4. 이산화탄소 소화기 Carbon Dioxide Extinguisher
5. 건식분말 소화기 Dry Powder Extinguisher

3.1.1 소다산 소화기

소다산 소화기(Soda Acid Extinguisher)는 A급 화재진압에 사용되며, 주로 선박의 거주구역에 배치된다. 소다산 소화기의 주요성분은 소다 나트륨(Sodium bicarbonate)과 황산염(sulphuric acid)인데, 이들 성분들의 화학반응에 의해서 발생되는 이산화탄소 가스가 화재진압에 사용된다.

주의할 것은, 소다산 소화기는 가스로 인한 독성 때문에 현재 선박에서 사용이 금지되어 있다.

사용방법은 다음과 같다. 플런저(plunger: 일종의 방아쇠 형태의 누르는 기구)가 세게 부딪히면 유리병이 깨져 산과 소다수가 혼합되고 이산화탄소 가스를 생산하는 화학반응이 일어난다. 이산화탄소 가스는 액체 위의 공간을 가압하여 노즐(nozzle)의 내부 파이프(pipe)를 통해 밖으로 나오게 된다.

3.1.2 물 소화기

물 소화기(Water Extinguisher)는 A급 화재에 대응하기 위한 것으로 9리터의 물 소화기가 사용된다. 소화기의 외부용기는 물로 채워지고 내부용기에는 CO2 카트리지(Carbon Dioxide cartridge)가 장착되어 있다. CO2의 압력으로 물을 용기에서 발사하게 된다.

물 소화기를 작동하기 위해서는 먼저 안전핀과 클립을 해제한 후, 플런저를 누르면 CO2 카트리지가 깨지면서 소화기에서 물이 발사된다.

3.1.3 폼 소화기

폼 소화기(foam extinguisher)는 '거품 소화기', '발포 소화기' 등으로 불리기도 하는데, 화학 및 기계에 발생한 B급 화재에 사용된다. 소화기는 가연성 액체 근처에 배치된다. 폼 소화기는 화학거품(chemical foam) 방식과 기계거품(mechanical foam) 방식이 있다.

가. 화학거품방식

화학거품방식의 주성분은 중탄산나트륨(sodium bicarbonate)과 알루미늄 황산염(aluminium sulphate)이고, 두 개의 용기로 구성되어 있다. 바깥쪽 용기는 중탄산나트륨으로 채워져 있는 반면, 내부 용기는 알루미늄 황산염으로 채워져 있다.

내부 용기의 상단에는 플런저에 의해 고정되는 캡(cap)이 있다. 플런저를 돌려서 캡을 해제한 후, 소화기를 거꾸로 뒤집으면 두 화학물질이 혼합된다. 그러면 내부용기에 있던 이산화탄소가 거품을 가압하여 거품(foam)을 발사하게 된다.

화학거품방식의 소화기는 가스가 만들어낼 수 있는 독성 효과 때문에 현재 선박에서 사용이 금지되어 있다.

나. 기계거품방식

기계거품방식은 두 개의 용기로 구성되어 있는데, 바깥쪽 용기는 물로 채워져 있고, 중앙 용기는 이산화탄소가 충전된 상태에서 거품 용액이 채워져 있다.

중앙 용기에는 플런저가 달려 있는데, 플런저를 누르면 이산화탄소가 배출되면서 거품과 물이 혼합되고, 노즐을 통하여 거품과 물의 혼합물이 발생된다. 이 소화기는 화학거품방식과 달리 직립 상태로 작동할 수 있다.

3.1.4 CO2 소화기

CO2(Carbon Dioxide) 소화기(또는 이산화탄소 소화기)는 주로 B급 또는 C급 화재에 사용되는데, 치명적인 이산화탄소 가스가 사용되기 때문에 **숙소 또는 밀폐된 공간에서는 사용하지 않는다**. 이 소화기는 주로 기계가 설치된 공간에 설치된다.

이 소화기에 저장된 이산화탄소는 압력을 이용하여 액체형태로 저장된 것이다. 소화기의 튜브에서 이산화탄소 가스가 배출된다.

3.1.5 건식분말 소화기

건식분말 소화기(dry powder extinguisher)는 거의 모든 종류의 불을 끄는데 사용할 수 있는 소듐 중탄산염 분말(sodium bicarbonate powder)이 사용된다. 이 소화기는 주로 엔진룸과 전기설비 부근에 설치한다. 이 소화기의 외부용기에는 중탄산나트륨 분말이 채워져 있다.

플런저 구조 아래에는 이산화탄소가 함유된 작은 용기가 설치되어 있다. 플런저를 누르면 이산화탄소 가스가 배출되면서 노즐을 통하여 건식 분말이 발사된다.

3.2 소화 장비와 선박에서의 예방조치

선박에서 화재는 주요한 해양사고 중 하나인데, 화재는 고온과 과도한 양의 인화성 기름 그리고 기타 가연성 물질로 인하여 발화된다. 선박은 소방안전 시스템 코드(Fire Safety System code, FSS Code)에 의거하여 건조되고, 관계 당국이 승인한 소방장비(fire fighting appliances)를 설치해야 국제항해가 승인된다.

선박에는 각종 화재에 대응할 수 있는 다양한 화재지연장치와 소방 설비가 설치되어 있기 때문에 화재가 대형 참사로 변하기 전에 가능한 속히 진화해야 된다. 아래에서는 중요한 소방장비 목록과 선상에서의 대응수단에 대해서 소개한다.

3.2.1 난연성 격벽

난연성 격벽(fire retardant bulkhead)은 선박에서 민감한 지역의 화재 확산을 억제하거나 지연하기 위한 철제 또는 이와 유사한 구조물을 의미한다. 등급-A, 등급-B, 등급-C 등(주의, 화재등급과는 다름)과 같은 다양한 등급의 격벽이 거주구역, 기계설치 공간, 펌프 실 등에 설치되어 있다.

3.2.2 방화 문

방화 문(fire door)은 위에서 언급한 난연성 격벽과 마찬가지로 화재 확산을 억제하거나 지연하기 위한 철재 재질의 문이다. 방화문은 홀드 백 배열(hold back arrangement : 문을 수동으로 닫는 방식)로 되어 있지 않고, 화재 발생 시 자동으로 닫히게 된다.

3.2.3 방화 댐퍼

방화 댐퍼(fire damper)는 화재에 과도한 산소가 공급되는 것을 차단하기 위한 시설물로서, 화물칸, 엔진룸, 거주구역 등의 환기시스템에 댐퍼가 설치되어 있다. 방화 댐퍼의 개폐 위치는 명확히 표시되어 있어야 한다.

3.2.4 소방펌프

소방펌프(fire pump)는 물을 공급하기 위한 설비를 말한다. 선박에는 규정에 따라서 승인된 형식과 용량의 메인*소방펌프와 비상전원펌프가 있어야 한다. 비상소방펌프의 위치는 메인 소방펌프가 위치한 공간 밖에 있어야 한다.

- 메인(main)은 한글로 '주'로 번역되는데, 본 교재에서는 혼동을 피하기 위해 영어 그대로 '메인'을 사용한다.

3.2.5 화재 메인 배관 및 밸브

화재메인배관(fire main piping)은 메인소방펌프 및 비상소방펌프에 연결되는 배관을 의미한다. 화재메인밸브(fire main valve)는 형식 승인된 유형과 용량이 요구되고, 여기서 밸브는 소화용액을 격리 또는 방출하기 위한 차단기를 의미한다. 아울러 방출밸브는 과도한 압력을 방지하기 위해서 화재메인밸브와 동일한 용량으로 설치되어야 한다.

3.2.6 소방 호스와 노즐

선박에서 사용하는 소방호스(fire hose)는 길이 10m 이상의 것이 사용되는데, 호스의 수와 직경은 선급에서 결정한다.

선박에서 사용하는 소방노즐(fire nozzle)은 직경 12mm, 16mm, 19mm 등이 사용된다. 이러한 노즐은 이중목적 형식으로 작동하는데, 하나는 빠르게 용액을 분사하는 제트(jet mode) 방식이고, 다른 하나는 물안개처럼 흩뿌리는 스프레이(spray) 방식으로 작동된다.

3.2.7 소화전

소화전(fire hydrant)은 소방호스에 용액을 공급하기 위한 시설이다. 소화전은 보온 물질로 보호되어 있어서 고온이나 영하의 날씨에도 영향을 적게

받을 수 있고 또한 호스와 쉽게 결합될 수 있다.

3.2.8 휴대용 소화기

선박에서, 휴대용 소화기(Portable Fire Extinguishers)는 CO2, 폼, 건식화학분말 등이 사용되는데, 규정에 의거하여 거주구역, 갑판, 기계설치 공간 등에 설치된다. 선내에는 여분의 소화기가 있다.

3.2.9 고정식 소화 시스템

고정식 소화 시스템(Fixed Fire extinguishing system)은 휴대용 소화기와 유사한 용재를 사용하는 것으로 휴대용과 달리 화재로부터 보호될 수 있는 장소에서 원격으로 제어될 수 있도록 구성되어 있다. 선박 내의 서로 다른 위치에서 이 소화 시스템이 작동할 수 있다.

3.2.10 불활성 가스 시스템

불활성 가스 시스템(Inert Gas System, IGS)은 원유세척(Crude Oil Washing, COW) 장비가 장착된 20,000 DWT(dead weight ton) 이상의 유조선에 설치된다. 이러한 IGS는 화재위험으로부터 화물공간을 보호하기 위한 것이다.

- 원유세척(Crude Oil Washing)은 일명 COW로 불리는데, 원유 자체를 이용하여 탱크 내에 남아 있는 잔류 원유를 감소시키기 위해서 탱크를 세척하는 것 또는 장비를 의미한다. 이것은 원유 자체의 용해성을 이용하는 것이 특징이다.

3.2.11 화재 감지 및 경보 시스템

화재감지경보시스템(fire detection and alarm systems)은 화재 감지장치와 경보장치(fire detectors and alarms)로 구성된 것으로, 이것은 화물구역, 거주구역, 갑판구역, 기계설치 구역 등에 설치되어 화재나 연기가 발생할 경우 빠르게 알리거나 경보를 발령하기 위한 것이다.

3.2.12 원격 차단 및 중지 시스템

원격 차단 및 중지 시스템(Remote Shut and Stop System)은 기계설치 구역의 연료유 및 디젤유 탱크로부터 모든 연료 라인을 급속하게 차단하기 위한 것으로, 차단에는 급속폐쇄밸브(Quick Closing Valve)가 사용된다.

또한 원격정지시스템은, 기관실에서 고정식 소방시스템의 CO2가 방사되었을 때 또는 화재가 발생했을 때, 연료펌프, 연료유 청정기(purifier), 환기팬, 보일러 등과 같은 기계작동을 정지시키기 위한 것이다.

3.2.13 비상탈출호흡장치

비상탈출호흡장치(Emergency Escape Breathing Device, EEBD)는 화재가 발생하거나 연기로 가득 찬 방에서 탈출할 때 사용하는 호흡 보조 장치이다. EEBD의 여분의 수와 설치장소는 소방안전 시스템을 위한 국제코드(International Code for Fire Safety System, FFS)에 명시된 요건에 따라서 정의된다.

3.2.14 소방관 복장

선박에서의 소방관 복장(Fire Fighter' s Outfit)은 불에 타지 않은 난연재로 제작된 의상으로서 형식승인된 것을 사용해야 된다. 화물선의 경우 최소 2벌 이상의 의상과 여객선의 경우는 최소 4벌 이상의 의상을 탑재해야 된다.

3.2.15 국제해안연결장치

국제해안연결장치(International Shore Connection, ISC)는 선박에 있는 화재펌프시스템이 작동하지 않거나 화재펌프시스템이 육상에 있는 경우 또는 드라이-도크 중일 때, 육상으로부터 물을 공급받기 위한 하나의 접속기구이다. ISC의 크기 및 치수는 모든 선박이 통일된 표준 값으로 정해져 있으며, ISC에는 적어도 하나 이상의 개스킷(gasket) 연결 장치가 달려 있어야 한다.

3.2.16 탈출수단

화재가 발생한 경우, 탈출수단(means of escape)으로서 안전하게 탈출할 수 있는 별도의 경로와 통로가 필요하다. 탈출 경로와 통로는 사다리를 이용하여 화재로부터 보호될 수 있는 안전구역으로 연결되어야 한다. 탈출 경로와 통로의 크기 및 위치는 관련 규정에 따라서 설계된다.

3.3 구명정

구명정(life boat)은 선박의 인명구조 장비 중에서 가장 중요한 선박탑재 장치의 하나로서, 선박을 포기하고 탈출할 때 사용하는 소형 선박이다. 구명정은 선원들의 탈출 시간을 최소화하기 위하여 선상의 대빗(davit)에 고박 되어 있고, 선박의 현측에서 진수될 수 있는 구조로 설계되어 있다.

이러한 구명정은 해상에서의 생존을 위한 국제규정인 SOLAS과 LSA 코드에 명시된 모든 장비들을 탑재하고 있어야 한다. 이러한 탑재장비로는 식량(rations), 청수, 응급처치기구(first aid), 나침반, 로켓과 같은 조난신호(distress signalling) 등이 포함된다. 만약 2척 이상의 구명정이 선박에 탑재되어 있는 경우, 1척은 구조정(rescue boat)으로 지정할 수 있다.

구명정에 관한 사항은 LSA 코드*에 명시되어 있다. LSA 코드는, 의결서 MSC.48(66)*에 의해서 채택된 것으로, 1996년 6월 4일 런던에서 개최된 제66차 IMO 해양안전위원회(MSC)*에서 의결서 MSC.48(66)가 채택됨에 따라 1974 SOLAS가 개정되었고, 이에 따라서 LSA 코드가 명문화된 것이다.

MSC.48(66)의 목적은 1974 SOLAS의 제3장에서 요구하는 인명구조장치들에 대한 국제표준을 제공하기 위한 것으로, LAS 코드는 1998년 7월 1일에 발효되었다. 1998년 7월 1일 이후부터 LSA 코드에 명시된 요건은 개정된 1974 SOLAS에 따라서 강제화 되고, 향후 LSA 코드의 개정은 1974 SOLAS 제8조에 규정된 절차에 따라 채택되어 시행된다.

- LSA Code : 국제인명구조장비 코드(International Life-saving Appliance Code)
- MSC : 해양안전위원회(Maritime Safety Committee)
- MSC.48(66)의 제목: 국제인명구조장비코드의 적용(Adoption of the International Life-Saving Appliance(LAS) Code),

- 1974 SOLAS: International Convention for the Safety of Life at Sea, 1974

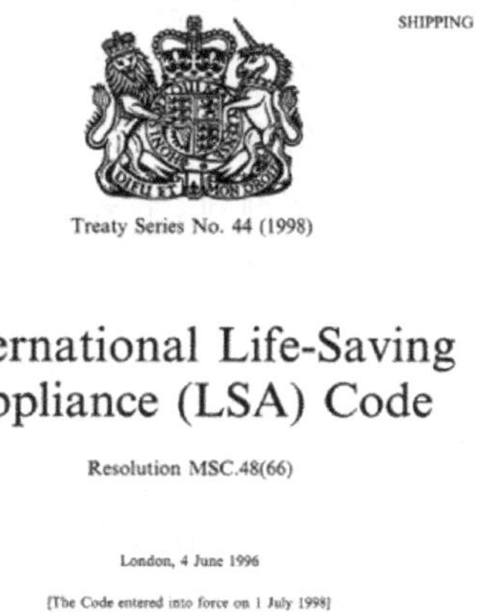
SHIPPING

Treaty Series No. 44 (1998)

International Life-Saving Appliance (LSA) Code

Resolution MSC.48(66)

London, 4 June 1996

[The Code entered into force on 1 July 1998]

상선의 경우 다음과 같은 세 가지 종류의 구명정이 사용된다.

3.3.1 개방형 구명정

개방형 구명정(Open Lifeboat)은 지붕이 개방된 것으로, 일반적으로 노(ore)를 이용하여 수동으로 추진력을 발생시킨다. 또한, 압축점화엔진(compression ignition engine)을 이용하여 추진력을 발생시킬 수도 있다.

개방식 구명정은 국제안전규정의 강화로 인하여 더 이상 선박에서 사용되지 않고 있지만, 오래된 선박에서 아직도 볼 수 있다. 이러한 개방형 구명정은 비나 악천후 시 큰 도움이 되지 않으며, 해수가 보트 안으로 유입될 수 있다.

3.3.2 밀폐형 구명정

밀폐형 구명정(Closed Lifeboat)은 선박에 가장 많이 사용되고 있다. 구명정이 밀폐되어 있어서, 선원들을 해수, 강풍, 기상악화 등으로부터 보호할 수 있고, 파도에 의해서 구명정이 전복되는 경우 자체적으로 똑 바로 설 수 있다. 밀폐형 구명정은 부분적으로 밀폐된 형식과 완전히 밀폐된 형식으로 구분된다.

3.3.3 자유낙하형 구명정

자유낙하형 구명정(Free fall life boat)은 밀폐형 구명정과 유사하지만 선박으로부터의 진수방법이 다른 것이 특징이다. 이 구명정의 진수방법은 선박에서 공기역학적으로 진수되기 때문에 구명정의 선체가 손상되지 않고 해수에 진수될 수 있다. 이 구명정은 주로 선박의 선미 부분에 설치하기 때문에 자유낙하 시 구명정이 선체에 부딪히지 않는 안전한 공간을 많이 확보할 수 있는 장점이 있다.

3.4 조타 기어 시스템

조타 기어 시스템(steering gear system)은 선박의 러더(rudder)를 제어하기 위한 주요한 시스템인데, 자주 고장을 야기하는 것이 문제이다. 한 가지 예를 들면 다음과 같다.

- 어떤 선박이 제한수로를 항해하는 도중 조타시스템에 고장이 발생하여 좌초한 적이 있다. 이 선박은 선교에서 엔진을 제어하고 있었는데, 조타수는 자동조타기(Autopilot)의 수동 조타(Full Follow Up, FFU)를 이용하여 조타하고 있었다. 항해사가 어떤 지점에서 좌현 타를 명령했는데, 어찌된 일인지 타의 각도 표시기는 우현 10도에 고정되어 움직이지 않았다. 그래서 항해사는 엔진정지를 명령하고 앵커 내릴 준비를 하였으며 급히 선장을 호출하였다. 선장은 조타 시스템의 액추에이터 스위치(actuator switch - 선박에는 2개의 조타 시스템이 있다)를 좌현 시스템에서 우현 시스템으로 전환시켰다. 이러한 행동으로 조타는 정상으로 작동하게 되었으나, 이러한 조치는 너무 늦게 되어 이 선박은 결국 좌초되었다.

조타 기어 시스템의 고장으로 인한 사고는 선박에서 자주 발생하는데, 이러한 사고는 선박과 선원, 그리고 환경에 큰 피해를 입힐 수 있음으로 주의해야 한다.

선박 조타 기어의 원활한 작동을 위해서는 주기적인 유지보수와 점검이 중요하다. 그러나 필요한 모든 예방 조치를 취했음에도 불구하고 고장이 발생하기 쉬운 몇 가지 일반적인 문제가 있다. 이에 대해서 살펴보자.

3.4.1 조타 기어의 기름 유출

항만국통제(PSC)는 조타 기어에서 발생하는 기름유출에 대해서 매우 엄격한 규정을 적용하고 있는데, 기름유출은 해양오염을 야기할 수 있기 때문이다. 기름이 유출되면 PSC 점검에서 결함으로 지적되어 선박은 벌금을 선고받고 억류(detain)될 수 있다.

그러나 조타 기어의 기름유출은 선박에서 가장 흔히 발생하는 문제 중 하나인데, 그 이유는, 기어 시스템은 유압(기름의 압력)으로 여러 개의 움직이는 부품을 작동시키기 때문이다. 이러한 조타 기어 시스템의 기름 유출이 발생하지 않도록 선박에서는 주의해야 한다.

3.4.2 러더의 각도 표시

실제 러더 각도와 항해사가 명령한 러더 각도 사이에는 큰 차이가 발생할 수 있음에 주의해야 한다. 이러한 문제는 러더 제어장치와 리피트-백-레버(repeat back lever)의 잘못된 조정 또는 불충분한 조정에서 비롯될 수 있다.

이 문제를 해결하려면 제어 로드에 부착된 턴-버클(turn buckle)과 리피트-백-레버를 정밀하게 조정해야 된다.

3.4.3 조타에 의한 연료소비

선박의 연료 소비량은 조타 기어의 작동효율에 의해서 크게 좌우될 수 있다. 조타 기어가 만족스럽지 않게 작동되면 선박의 도착예정시간(ETA - Estimated Time of Arrival)이 지연되어 메인 엔진의 연료 소모량이 증가할 수 있다.

이러한 문제가 발생하는 이유는, 안전밸브(safety valve)의 오작동 또는 시스템의 패스밸브(pass valve)의 오작동에 의한 것이다. 이러한 문제를 해결하기 위해서는 안전밸브와 패스밸브를 주기적으로 점검해야 된다.

3.4.4 조타기의 과도한 소음

조타 기어에서 과도한 소음이 발생하면 시스템에 공기가 포집되었음을 나타낸다. 조타 기어는 강한 유압으로 작동하는데, 잦은 유압의 변동으로 기름에는 기포가 발생할 수 있다.

기름의 기포는 펌프와 파이프를 강하게 때려서 소음과 진동을 유발하는 요인이 된다. 특히, 시스템에 새로운 기름을 보충한 후에는 펌프와 실린더에 달려 있는 환기 밸브(vent valve)를 이용하여 시스템에서 공기를 제거해야 한다.

주의할 것은, 조타 기어의 기름 공급탱크에 달려 있는 밸브가 조절되거나 닫히면 다시 시스템 내의 기름에서 기포가 발생할 수 있으니, 시스템이 작동 중일 때는 항상 밸브가 열려 있는지 확인해야 된다.

3.4.5 기름의 높은 온도

조타 시스템에서 기름은 유압을 형성하는 가장 주요한 매체이다. 만약 기름의 온도가 높아지면 조타 기어에 다른 문제를 발생시킬 수 있다.

기름의 온도가 상승하면 기름의 점도가 낮아져서 조타 조작에 영향을 줄 수 있다. 기름 온도 상승의 가장 흔한 원인은 시스템에 채워진 기름이 부족하기 때문이다. 따라서 기름 탱크의 기름 부족 경보가 작동 중인지 확인하고 필요한 경우 기름을 보충해야 된다.

3.4.6 러더 각도의 제어 범위

러더(rudder)는 SOLAS 요건에 의거하여, 선박 운행 중 가장 깊은 흘수에서 최대 전방 서비스 속도(navigation full)로 주행할 때, 선박의 한쪽 35도에서 다른 한 쪽 35도까지 제어될 수 있어야 한다. 그런데, 러더 각도가 규정된 최대 각도 보다 작거나 35도를 넘어서는 경우가 발생할 수 있다.

이러한 문제의 주요 원인 중 하나는 리피트-백-유닛 또는 자동조타기에 장착된 제한 스위치(limit switch)의 오작동이다. 이러한 경우에는 오작동 제한 스위치를 교체하거나 제한 스위치를 최대 규정 조타 각도로 조정하면 된다.

3.4.7 원격 조타의 실패

조타기의 원격제어가 실패하면 비상상황이 된다. 이를 대비하여 조타 기어에는 항상 기관실에서 수행할 수 있는 로컬제어(local control) 기능이 부가되어 있다. 일반적인 원격제어 실패 원인은 다음과 같다.

① 유압 펌프의 고장 : 규정에 의거하여 유압 펌프는 2개가 있기 때문에 펌프에 고장이 발생하면 다른 쪽 유압 펌프를 가동시키면 된다. 만약 2개 펌프 모두 고장이 나면 비상으로 조타해야 된다.

② 기름 이송 밸브의 고장

③ 펌프에 있는 바이패스 밸브의 고장

④ 원격제어 시스템에서의 기름 누출

3.4.8 러더 각도 송신기와 틸러

러더(rudder)의 각도를 송신할 수 있는 송신기와 러더의 움직임을 감지하기 위한 틸러-링크(tiller link)는 연결되어 있어야만 러더의 각도를 측정할 수 있다. 한 가지 사고의 예를 들면 다음과 같다.

- 2011년 퀸즐랜드 글래드스톤(Gladstone) 항을 출항하던 벌크선 두먼(M/V Dumun)이 좌초되었는데, 이 때 러더와 러더각도 전송장치를 연결하는 틸러(tiller)가 분리되면서 조타 기어가 작동하지 않는 것으로 나타났다. 조타 기어는 정상적으로 계속 작동했지만 송신기는 입력 신호가 없기 때문에 러더 정보를 보낼 수 없었고, 그 결과 선교에 있는 러더각도 표시기는 작동하지 않게 되었다.

위와 같은 사고는 자주 발생하는 것이 아니지만, 사고를 방지하기 위해서 항해사는 기관실에 있는 모든 조타 기어 시스템을 주기적으로 점검해야 한다.

3.4.9 비상 조타 시스템

비상 조타 시스템은 선박의 메인 조타시스템에 대비하여 설치된 시스템이다. 일반적으로, 조타기는 러더를 어느 한 쪽에서 다른 한 쪽으로 제어할 수 있는 전기기계식 조타 기어 유닛으로 구성되어 있다. 조타 기어 유닛은

램(ram) 이동용 유압 모터가 2개 이상 장착되어 있는데, 이러한 유압 모터가 고장이 나면 조타기가 작동하지 않는다.

아울러, 선교에서 조타 기어 시스템으로 신호를 전송하는 경우, 전기적 결함으로 신호가 시스템에 전달되지 않을 수 있다. 이러한 다양한 결함이 발생하는 경우, 기관실에 있는 조타 기어 실에서 선박을 비상으로 조타하기 위한 비상조타시스템을 사용한다.

비상 조타기의 작동절차는 다음과 같다.

① 비상 조타의 조작절차와 비상배치표는 조타기어룸과 선교에 게시되어 있어야 한다.

② 아울러 비상 운항을 위한 VHF 장비 또는 선내 전화 시스템을 확실하게 확보해야 한다. (참고: VHF는 고주파수(Very High Frequency)를 의미하는데, 선박에서는 VHF를 이용한 통신장비라는 의미에서 그냥 VHF라고 부른다.)

③ 긴급 상황에서 대형 러더를 손으로 돌리거나 다른 수단에 의해 돌릴 수 없는 경우가 많다. 그래서 SOLAS에는 비상 조타 시 비상발전기에 의해서 발전된 비상전원을 이용하도록 규정되어 있다. 아울러 이러한 내용은 조타기어룸에 표시되어 있어야 한다.

④ 비상전원은 비상스위치보드에 있는 스위치를 전환시켜서 공급할 수 있다. 비상 전원을 사용하기 위해서는 우선 패널(panel)에서 공급되는 전원을 차단시킨다. 그런 후, 비상스위치보드의 스위치를 비상발전기로 전환시킨다. 그러면 유압 모터에 비상 전원이 공급되어 수동으로 러더를 제어할 수 있다.

⑤ 수동 조타장치 휠(wheel)에는 <u>안전핀(safety pin)이 꼽혀 있기 때문</u>에 정상작동 중에는 수동 작동이 차단된다. 따라서 비상 조타를 위해서는 안전핀을 제거해야 한다.

⑥ 수동 조타는, 수동으로 제어되는 비상 조타 휠을 이용하는데, 비상 조타 휠을 이용하면 램(ram)으로 이동하는 기름의 방향을 제어할 수 있다. 아울러 램에는 러더 각도 표시기가 부착되어 있어서 제어한 러더 각도를 알 수 있다. 비상 조타 휠을 왼쪽 또는 오른쪽으로 돌리면 러더를 왼쪽 또는 오른쪽으로 제어할 수 있다.

⑦ 만약 비상 전원에 장애가 발생하면, 즉시 음향 전원 전화기(sound

power telephone - 전기를 사용하지 않고 사람 음성 자체의 에너지를 이용하여 통화할 수 있는 전화기)를 이용하여 선교에서 명령한 방향으로 러더를 제어해야 된다. 아울러 러더 각도 지시기를 통해서 제어한 러더 각도를 확인해야 된다.

위에서 설명한 것은 선교에서 러더 제어가 불가능한 비상 상황에 대한 것이다. 이러한 비상 상황이 발생하지 않기 위해서 선박에서는 다음과 같은 훈련과 점검 등을 주기적으로 실시해야 한다.

① 수동비상시스템(manual emergency system)과 조타기어시스템(steering gear system)을 정기적으로 그리고 주기적으로 점검한다.

② 비상을 대비하여 매달 **비상조타훈련**(emergency steering drill)을 실시하는데, 규정에 의하면 **3개월마다** 실시해야 한다.

③ 비상조타훈련에는 모든 선원이 참여하고 적절한 통신 수단을 이용하여 선교와의 통신체계를 유지해야 된다.

④ 선박이 충돌이나 좌초를 피할 수 있을 정도의 **빠른 시간에** 비상 상황이 회복될 수 있도록 해야 된다.

3.5 유수분리기

유수분리기(Oily Water Separator, OWS)는 기름과 물이 혼합된 액체에서 기름과 물을 분리하는 장치이다. 선박에서 유류유출 사고는 가장 심각한 사고 중에 하나이다. 선박은 매일 기름과 물의 혼합물이 생성되는데, 이러한 혼합물은 유수분리기를 이용하여 물만 깨끗하게 걸러서 바다로 배출해야 한다.

MARPOL에는 바다로 방류할 수 있는 빌지 수(bilge water)의 기름 함량이 부속서 1로 규정되어 있다. 그래서 선박에는 기름필터링 장치에 기름배출 모니터와 기름배출 제어 시스템이 부착된 유수분리기가 설치되어 있다.

OWS는 선박의 기관사가 담당하는데, OWS는 PSC 검사관과 조사관들의 주요 점검 대상이다. 따라서 여러분들은 OWS의 설계원리와 작동방식에 대해서 잘 알고 있어야 한다.

OWS의 명칭에서 알 수 있듯이, OWS의 기능은 엔진룸, 화물창, 기름 탱크와 기름이 오염된 구역 등에서 생성되는 기름을 분리하기 위한 것이다.

MARPOL에 따르면, OWS에서 처리된 물의 기름함량은 100만분의 15 미만이어야 하는데 이를 15 ppm(parts per million)이라 한다.

3.5.1 기름 배출규정

400 GT 이상 선박의 경우, 기름 혼합물의 배출은 다음 조건에서 수행할 수 있다.

① 선박이 항해 중이어야 한다.

② 기름 혼합물은 MARPOL 부속서 규정 14의 요건을 충족하는 유수분리 필터를 통해 처리되어야 한다.

③ 유수분리기 시스템 통과 후 희석되지 않은 유출물의 기름함량은 백만분의 15를 초과하지 않아야 한다.

④ 유조선의 경우, 기름 혼합물은 화물 펌프실 빌지(bilge)에서 발생된 것이 아니어야 한다.

⑤ 유조선의 경우, 유수혼합물과 기름화물의 잔존물이 섞이지 않아야 한다.

⑥ 선박이 남극지역을 항해할 때, 선박에서 기름이나 기름혼합물이 바다로 배출되는 것은 원천적으로 금지되어 있다.

3.5.2 중요한 OWS 요구사항

① MEPC 107(49)에 의거하여, 경보 상황을 기록할 수 있는 빌지 경보 또는 기름 혼합 모니터(Oil Content Monitors, OCM)는 반드시 공인기관의 인증을 받아야 한다.

② 유수분리기에 장착된 OCM는 변조를 방지해야 한다.

③ 청수가 청소 또는 영점화(zeroing)를 위해 사용 중일 때 반드시 OCM과 경보기는 작동해야 된다.

④ 유수분리기는 타입C 이멀전(emulsion)에서 15ppm 달성이 가능해야 된다.

3.6 로드-라인 조사

선박에서 로드-라인(Load Line, LL)의 조사는 항해사들에게 힘든 업무이다. 로드-라인 조사는 선박이 가장 최고의 기준에 부합하는 표식(mark)을 조사하기 위한 것으로, 로드-라인 조사에서 계획된 유지보수 일정(Planned Maintenance Schedule)은 중요하다.

아울러, 로드-라인 조사는 사전에 충분히 준비하였음에도 불구하고 만족하지 못하는 결과가 발생될 수 있음으로, 몇 달 전부터 준비할 필요가 있다. 선박에서 로드-라인을 조사할 때, 중요사항을 요약하면 다음과 같다.

1. 출입지점의 점검(Check Access Points) : 밀폐된 구조물에 들어가거나 나가는 출입지점은 반드시 점검해야 한다. 그리고 출입문의 모든 이동식 부품에는 그리스(grease)를 잘 발라야 한다. 개스킷 및 방수 패킹은 균열 여부를 점검하고 수리해야 한다. 고무 패킹은 밀폐된 구조물에서 방수 무결성의 유지에 중요하기 때문에 집중하여 점검한다.

2. 환기장치와 공기파이프의 점검(Check Ventilators and Air pipes) : 환기장치와 공기 파이프는 차단기구가 설치되어 있어야 하고, 손상된 경우에는 수리되어 있어야 한다.

3. 해치의 점검(Check Hatches) : 해치가 너무 빡빡한지 점검한다.

4. 잠금 막대의 점검(Check Locking Bars) : 모든 잠금 막대, 잠금 핀, 해치 환기구는 반드시 점검되어야 하고, 잠금 막대의 녹은 제거되어 자유롭게 작동되어야 한다.

5. 타폴린의 정상상태 유지(Keep Tarpaulins in Good Condition) : 타폴린은 방수용 도료를 의미하는 것으로 일명 '타르'라고 불린다. 타폴린이 해치를 덮는 데 사용하는 경우 반드시 최상의 상태를 유지해야 하며, 타폴린은 승인된 재료와 표준에 부합된 것이어야 한다.

6. 수밀 상태 점검(Check for Watertightness) : 수밀을 위하여 맨홀, 스쿠퍼(scupper - 물과 찌꺼기가 혼합된 경우 물만 버리고 찌꺼기를 거르기 위한 거름망) 및 기타 부분을 점검해야 한다. 맨홀은 가능한 한 T-자형 렌치를 이용하여 단단히 조여야 한다. 스쿠퍼는 시간이 지나면서 막히고 물 배출을 방해하는 경우가 많기 때문에 청소되어야 한다.

7. 역류방지밸브의 작동 점검(Ensure Proper Working of Non-Return

Valve) : 역류방지밸브(Non-Return Valve)는 유수혼합물의 선외 배출과 관련된 것임으로 반드시 작동효율을 점검해야 한다. 역류방지밸브는 대부분의 해사 당국자들이 엄격하게 검사하는 대상임을 명심해야 한다.

8. 기계 설치 공간의 청결 유지(Keep Machinery Spaces Clean) : 갑판의 모든 기계 설치 공간의 개구부는 철저히 검사되어야 한다. 기계 설치 공간에는 기름이나 먼지가 있음으로 항상 청결을 유지해야 한다.

9. 부러지거나 금간 부분의 수리(Repair Fractures) : 가드 레일(guard rail)과 방벽(bulwark)이 부러지거나 금이 간 경우 반드시 수리해야 한다. 가드 레일과 방벽은 안전과 관계됨으로 깨끗한 상태를 유지해야 한다.

10. 모든 로드-라인의 완벽한 검사 준비(All Lines Should Be Ready For Inspection) : 갑판 라인, 로드-라인 마크, 로드-라인, 흘수 마크, 중요 기호 등은 검사를 위하여 녹을 제거하고 페인트칠을 해야 한다.

11. 모든 안전장비의 정리정돈(All Safety Equipment Must Be In Order) : 모든 안전장비는 점검을 반복하여 무결성을 유지해야 한다. 모든 안전장비와 설치된 안전라인을 점검하고, 필요한 경우 안전과 관련된 모든 항목을 정비해야 한다.

12. 측면 스커틀의 점검(Check Side Scuttles) : 프리보드(freeboard) 갑판 아래의 측면 스커틀과 데드-라이트(dead-lights)는 방수 무결성을 점검해야 한다. 데드-라이트 주변의 고무 패킹은 균열과 결함이 없는지 철저히 검사해야 한다.

13. 점검을 위한 모든 기록 자료의 준비(All Records Must Be Ready For Inspection) : 로드-라인 증서와 관련된 기록은 검사 최종일에 볼 수 있도록 사전에 준비되어 있어야 한다. 또한 선박의 복원성과 관련된 정보는 화물의 적화와 양화 그리고 평형 수의 이송과 관련된 국제규정을 준수하고 있는지에 대해서 검사관에게 보여줄 준비가 되어 있어야 한다. 1등 항해사(Chief Officer, C/O)는 필요한 모든 자물쇠를 준비하여 검사관의 요청에 따라서 모든 영역이 검사될 수 있도록 준비해야 한다.

3.7 선체의 균열 또는 변형의 식별

선체 구조물에서, 구조의 불연속은 선박안전에 치명적인 결과를 초래할 수 있다. 선박은 거의 수백 개가 넘는 구조물이 이어져 있는 구조를 갖고 있다. 이러한 구조물에는 균열(crack) 또는 변형(deformation)이 발생하면 안 된다. 선체 구조의 불연속은 항해사가 반드시 알아야할 안전에 관한 내용이다.

- 예를 들어, 철판에 원형의 구멍이 있는 구조물을 생각해 보자. 이 구멍은 연속된 것인데, 구멍 주위 구조물의 양 단을 잡아당기면 구멍 주위는 구조물의 주변 보다 더 큰 스트레스를 받아서 응력이 발생한다. 이를 응력집중효과(stress concentration effect)라 한다. 이러한 현상은 선체의 구멍, 노치, 해치, 모서리 등과 같이 선체구조의 불연속에 가까운 부분에 발생한다. 이러한 불연속에 가까운 지점은 균열과 균형이 잘 발생될 수 있다.

선박에는 다양하고 많은 부분에 구조물의 불연속 부위가 있는데, 그 내용을 요약하면 다음과 같다.

1. 상부 구조물의 끝단(ends of superstructure) : 선박의 후미 갑판, 선수 갑판, 거주시설의 상부 구조물 등을 보면, 구조물이 선박의 끝단에서 급격하게 상승하는 형태를 갖고 있다. 이러한 부분에서는 응력집중효과가 크게 나타날 수 있다.
2. 종방향 거더의 끝단(ends of longitudinal Girders) : 선박의 길이를 따라서 설치된 종방향 거더는 선박의 전방과 후방에서 수직으로 종단된다. 이러한 거더의 갑작스러운 종단에 불연속이 발생하면 선박 안전을 저해할 수 있다.
3. 갑판 개구부 및 기타 개구부(deck openings and other openings) : 선박의 모든 갑판 개구부는 기본적으로 철판에 구멍을 내서 만든 것으로, 맨홀 형태 또는 해치 개구부 형태 등으로 나타난다. 이러한 개구부의 모서리는 강한 스트레스를 받게 되어 응력집중효과가 발생하게 된다.
4. 컨테이너 선박의 특수한 경우 : 토션 박스(torsion box)가 장착된 컨테이너 선박의 경우에는 구조적 불연속성이 심해진다.

3.8 해치커버

선박의 해치 커버(hatch cover)와 해치 코밍(hatch coaming)의 주요 목적은 화물칸에 물이 침투하는 것을 방지하고 화물이 침수되거나 파손되지 않도록 보호하기 위한 뚜껑이다. 해치는 극심한 날씨에 그린 워터 하중(green water load)*을 보호하고 화물창 내부의 부식을 방지할 수 있다.

- green water load : 이것은, 선박이 기상악화 시 선수갑판이 큰 파도의 수면 아래로 내려갈 때 선수 갑판 위로 쳐 올라오는 해수에 의한 하중을 의미하는 것으로, 갑판과 선체에 큰 충격을 가할 수 있다.

선박에는 다음과 같은 다양한 종류의 해치 커버가 사용되고 있다. 즉, 들어 올리는 타입(Lifting type), 둘둘 감는 타입(Rolling type), 접이식 타입(Folding type), 미끄러지는 타입(Sliding type), 말아서 저장하는 타입(Roll stowing type) 등이다.

들어 올리는 타입의 해치 커버는 일반적으로 컨테이너 선박에 사용되는 반면, 감는 타입은 벌크선에 사용되며, 접이식 해치 커버는 기본적으로 일반 화물선에 사용된다. 그러나 보관 공간과 운반되는 화물의 종류에 따라서 사용하는 타입이 다를 수 있다.

3.9 방수 격벽

선박은 침수를 대비하여 수많은 방수 격벽(Watertight Bulkhead)이 설치되어 있다. 방수격벽은 선박의 선체 손상으로 인해 인접한 구획물이 침수될 경우, 선채 내부로 해수가 유입되지 않도록 선체에 수직으로 설치한 철재 구조물이다.

방수 격벽 이외에 충돌 격벽(Collision Bulkhead)이 있다. 충돌격벽은 말 그대로 선박의 충돌을 대비하여 설치한 매우 강한 구조물로서, 정면충돌의 피해를 최소화하기 위한 것이다. 충돌격벽은 선박에서 가장 앞쪽에 있는 격벽이다. 전방 충돌격벽의 위치결정에는 다음의 세 가지 요인이 작용한다.

① 침수 가능한 길이 계산에 의한 위치 결정

② 선급에서 정한 위치가 있는데, 대부분의 선급 규칙에는 충돌격벽을 배치할 수 있는 허용 가능한 거리 범위를 제시하고 있다.

③ SOLAS 규정에 의한 위치로서, 이것은 충돌격벽이 선박 길이의 5% 이상 또는 10m 중에서 더 작은 거리에서 전방 수직의 후방에 위치해야 한다고 규정되어 있다.

3.10 화재통제계획서

화재통제계획서(Fire Control Plan)는 SOLAS 제2장 규정15에 기술되어 있다. 화재통제계획서에는 선박의 각 갑판에서의 소화 위치, 다양한 격벽, A급 등급과 B급 등급으로 구분된 간혀져 있는 공간 등에 관한 정보가 제공되어야 한다. 또한, 선박에서 사용할 수 있는 화재감지 시스템과 소방 시스템의 종류도 설명되어 있어야 한다. 화재통제계획에 대한 중요사항을 요약하면 다음과 같다.

3.10.1 각종 장치와 표시

1. 화재통제계획서에는, 각종 화재경보시스템, 스프링클러 설비, 소화기기, 서로 다른 탈출 구역과 갑판으로 대피하는 방법, 댐퍼와 팬의 원격작동에 관한 세부사항 등이 포함되어 있어야 한다.
2. 아울러, 화재 발생 시 필요한 댐퍼와 팬을 닫을 수 있도록 각종 댐퍼의 위치와 표시가 되어 있어야 한다.
3. 화재통제계획서에 사용되는 그래픽 기호(Graphic Symbol)는 IMO 의결서 A.654(16)에 명시된 소방장비 기호에 따라야 한다. 이러한 기호는 모든 선원이 의무적으로 알고 있어야 한다.
4. 화재통제계획서는 선박에 승선한 선원들의 언어와 영어 등 이중으로 표시되어야 한다. 즉, 한국 선원 이외의 타국 선원이 승선한 경우에는 이들 타국 언어로도 설명되어 있어야 함을 의미한다.

3.10.2 위치 및 가용성

1. 화재통제계획에 대한 일반배치플랜(general arrangement plan, GA)은 선박 사관들이 쉽게 볼 수 있도록 선교, 기관실, 숙소 등 눈에 잘 띄는 곳에 영구적으로 게시해야 한다.
2. 육상 회사의 사무실에는 적어도 한 부 이상의 화재통제계획서의 사본이 게시되어 있어야 한다.
3. 여객선의 경우에는 각 소방 순찰 팀의 대원들에게 화재통제계획서 사본을 제공해야 하며, 또한 각 중앙통제소에도 게시해야 한다.

4. 선박이 항구에 있거나 드라이-도크에 있는 경우, 화재통제계획서의 사본은, 연안에 있는 소방 시스템의 지원을 위해서 데크-하우스(deckhouse) 외부에 현저하게 보일 수 있는 수밀 박스에 영구적으로 보관되어 있어야 한다.

5. 또한, 선급의 허락을 받아서 화재통제계획서의 내용을 소책자 형태로 만들 수 있는데, 이 책자의 사본은 승선한 사관들에게 제공해야 하고, 또 다른 사본 1부는 선내에서 구할 수 있고 쉽게 찾을 수 있도록 해야 한다.

6. 화재통제계획은 최신 상태로 유지되어야 하며, 변경된 경우에는 속히 변경된 내용이 기록되어야 한다. 아울러, 화재통제계획서는 승선한 선원들이 사용하는 언어와 영어 등 이중으로 제공되어야 한다.

3.10.3 갱신과 업데이트

화재통제계획서는 선장과 선주 및 선박관리팀의 통제에 따라서 최신 상태를 유지해야 하고, 변경된 사항이 있는 경우 속히 기록해야 한다.

화재통제계획의 갱신 또는 업데이트가 필요한 경우는 다음과 같다.

1. 현재의 화재통제계획에 영향을 미칠 수 있는 소방 시스템, 경보 시스템, 탈출 경로 설계, 또는 기타 사항 등이 변경된 경우이고, 아울러 새로운 시스템이나 설계는 포함되어야 하는데, 이것들은 선급의 승인을 받아야 한다.

2. 현재의 화재통제계획에 영향을 미칠 수 있는 선박 구조 또는 선박 명세 등이 수정된 경우 그 내용이 반드시 포함되어야 하고, 선급의 승인을 받아야 한다.

3. SOLAS 또는 이와 유사한 기관의 화재통제계획과 관련된 법령이 개정된 경우, 새로운 소방 계획과 소방 시스템 또는 장비는 개정된 계획에 따라서 갱신 또는 업데이트되어야 한다.

4. 선박의 기국이 변경된 경우, 지정된 선급은 이 선박의 화재통제계획서를 검토해야 한다. 또한 선급이 변경되는 동안에도 이 화재통제계획은 반드시 검토되어야 한다.

3.10.4 검사 요구사항

선급 검사관은 화재통제 내용과 화물선 또는 여객선의 승인된 안전장비의 기록 사이에 불일치가 있는지 확인해야 한다. 또한, 기록된 내용은 선박에 탑재된 장비의 세부사항, 관련 서비스, 유지보수 보고서 등의 내용과 일치해야 한다. 검사에 요구되는 사항은 다음과 같다.

1. 초기검사 : 선박이 새로 건조될 때, 선박에 승인된 화재통제계획에 대한 인증서를 발행하기 위한 검사이다.

2. 연간검사 : 화재통제 검사는 매년 실시하는 연속된 선박안전장비검사(Continuous Ship Safety Equipment survey, CSSE)에 따른다.

3. 갱신검사 : 만약 CSSE 증서가 검사가 필요한 갱신 기간 중에 있다면, 화재통제계획에 대한 갱신검사가 필요하다.

검사관은 SOLAS에 의거하여 화재통제계획의 내용이 판독 가능한 상태인지 그리고 갱신 및 승인 또는 준수 상태인지 등의 내용이 포함된 검사 보고서를 작성해야한다.

3.10.5 화재통제계획서의 중요성

화재통제계획서는 단지 선급이나 항만국통제를 위한 서류를 만드는 것이 아니고, 다음 사항을 이해하는데 유용한 문서임을 알아야 한다.

1. 선박에 새로 승선한 사람들에게 각종 소방장비와 안전장비의 위치를 알려주기 위한 것이다.

2. 선박 화재진압시 가장 가깝고 안전한 소방장비와 탈출경로의 위치를 알려주기 위한 것이다.

3. 육상의 항만소방 대원들이 쉽게 선박의 화재를 진압할 수 있도록 알려주기 위한 중요한 정보이다.

아울러, 선급은 선박 회사에 화재통제에 관한 준수서류(Document Of Compliance, DOC)와 안전관리증서(Safety Management Certificate, SMC)를 발급하거나 재 발행하는 경우, 육상 담당자가 보관하고 있는 화재통제계획서의 사본도 검사한다.

3.11 국제해안연결장치(ISC)

3.11.1 개요

국제해안연결장치(International Shore Connection, ISC)는 SOLAS에 의거하여 모든 선박에서 갖추어야 될 범용 호스의 연결 장치이다. ISC의 목적은 선박 소화용 펌프가 고장이 난 경우 육상이나 다른 선박으로부터 물을 공급받기 위하여 호스에 연결하는 금속 재질의 기구이다.

ISC를 이용하면 미리 결정된 압력으로 해수가 본선에 공급되어 화재진압에 사용할 수 있다. ISC의 연결 플랜지(flange)는 편리하고 접근하기 쉬운 위치에 보관되어 있어서 비상 시 즉시 사용할 수 있어야 하고, 또한 사용되어야 한다.

SOLAS 규정 제2장 2의 규정 19에 따른 ISC의 요건은 다음과 같다.

1. 총톤수 500톤 이상 선박은 적어도 하나의 ISC를 갖추어야 한다.
2. ISC의 플랜지는 모든 국가와 선박에 대해서 동일한 표준의 크기를 갖고 있어야 한다.
3. 표준 규격은 다음과 같다.

- 외경(Outside Diameter, OD) : 178mm
- 내경(Inside Diameter, ID) : 64mm
- 볼트 원의 직경(Periphery Circle Diameter, PCD) : 132mm
- 플랜지 두께(Flange thick) : 14.5mm
- 플랜지의 구멍(Slot in Flange) : 직경 19mm의 구멍 4개
- 볼트와 너트(Bolts and Nuts) : 지경 16mm에 길이 50mm를 갖는 4개

그림 36. ISC의 표준규격 (Source: Space marine, 한국, downloaded Sep. 15, 2020,
(Web: http://www.space-marine.com/pricelist/information.cfm?code=330841&category=33)

3.11.2 기본 요건

ISC의 연결을 위한 기본요건은 다음과 같다.

1. 모든 선박과 부두, 연안 플랫폼은 비상 소화 수(water)가 필요하거나 또는 이와 유사한 물을 공급하기 위하여 적어도 하나의 ISC를 갖고 있어야 한다.
2. ISC의 연결부는 강철 또는 기타 적절한 재료로 구성되어야 하며, 1.0 N/mm^2(제곱 밀리미터 당 1.0 뉴튼)의 서비스를 위해서 설계되어야 한다.
3. ISC의 플랜지(flange) 면 한쪽은 평평한 표면을 가져야 하며, 다른 면은 선박 소화전 및 호스 연결부에 쉽게 장착할 수 있는 연결 장치(coupling)에 영구적으로 연결되거나 부착되어야 한다.
4. ISC는, 길이 50mm의 직경 16mm 볼트 4개와 8개의 와셔(washer)를 이용하여 1.0 N/mm^2의 압력을 취급할 수 있는 하나의 개스킷을 갖고 있어

서 비상상황 시 연결 장치를 쉽게 사용할 수 있도록 해야 한다.

5. 만약, ISC가 본선의 메인 소방장비에 고정되어 있는 경우, 선박의 어떤 쪽에서든 육상연결 장치가 연결될 수 있도록 해야 하고, 이러한 내용은 명확하게 표시되어 있어야 한다.
6. ISC의 위치와 배관 시스템의 최대작동압력이 표시되어야 하는데, 선박의 메인(main) 소방장치 근처에 영어와 기국 언어로 작성된 안내문을 부착하여 항만당국이 반드시 알 수 있도록 해야 한다.
7. 육상의 항만이나 다른 선박에서 해당 선박에 공급하는 물의 속도는 소방용수 분배장치에서 5 m/s를 초과해서는 안 된다. 그래서 피팅(fitting)과 조인트(joint)는 최소한 10.5 bar(바)의 작동압력에 적합해야 한다.

3.11.3 ISC에 고려할 중요 사항

ISC와 관련하여 고려해야 할 중요한 사항은 다음과 같다.

1. ISC의 플랜지(flange)는 선박의 상태 모니터링 계획(Condition Monitoring, CM)이 아니라 선박의 예방유지 계획(Preventive Maintenance, PM)에 포함되어야 한다.
2. ISC의 플랜지와 함께 개스킷(gasket)을 항상 사용할 수 있는지 확인해야 한다. 비상상황에서 작업할 때 개스킷이 손상될 가능성이 있으므로 2개 이상의 개스킷을 준비하여 ISC와 함께 보관하는 것이 바람직하다.
3. 소화훈련에서 임무목록(duty list)을 작성할 때, 한 사람을 지정하여 ISC가 보관된 위치에서 필요한 위치로 가져올 수 있도록 해야 한다. 이것은 실제 비상상황에서 ISC를 가져오기 위하여 되돌아가는 오류를 방지하기 위한 것이다.
4. ISC 커플링이 선박의 메인 소화전에 영구적으로 고정되어 설치된 경우 물을 공급하기 전에 이 커플링이 단단히 조여졌는지 확인해야 한다. 느슨하게 조여 있으면 강한 수압에 의해서 튕겨나갈 수 있으니 조심해야 한다.

제4장 항만국통제 실무

Source: Panagopoulou Maria (2017), Free sample: Port State Control (PSC) Inspection Report, Merchant Marine Academy of Macedonia, Soldatou Christina R.N.: 3493, June, 2017

항만국통제(Port State Control)와 관련된 국제규정은 그 내용이 방대하다.

여러분들이 우선 알아야 하는 것은, PSC가 무엇인지? 그리고 PSC 관련 규정이 어떻게 선박에 적용되고 있는지에 대한 실전이다.

PSC 관련 규정을 학습하기 전에 먼저, 다양한 자료에 나타난 PSC 점검 사항을 학습하자.

- 저자 -

1. 개요

1.1 학습 목적

제4장의 목적은, 항만국통제(PSC)를 본격적으로 학습하기 전에 실제 현장에서 PSC와 관련하여 지적되는 주요내용을 학습하여 실전능력을 배양하고, 후술하는 PSC 관련 국제규정을 쉽게 이해하기 위함이다.

아울러 PSC의 탄생 배경과 MOU 체결의 배경 등을 학습하여 왜 PSC 점검사항이 중요한지를 이해해 보자. 제4장을 통해서 여러분들은 PSC가 무엇을 위한 것인지? 그리고 PSC의 주요 지적 내용은 무엇인지? 등의 의문사항을 해결해 보자.

1.2 학습 내용

PSC의 탄생 배경과 목적 및 다양한 MOU가 왜 체결되었는지 학습하고, PSC 수검 절차와 방법 및 지적 예방방안 등을 간단하게 고찰한다. 그런 후, 영국 로이드 선급에서 PSC 검사에서 지적한 주요 내용과 한국 선급에서 지적한 주요 내용을 학습한다.

1.3 주요 내용

1. 항만국통제(PSC)의 배경과 목적은 무엇인가? PSC의 MOU란 무엇인가?
2. PSC의 업무절차는 어떠한 요소들로 구성되어 있는가?
3. PSC 지적사항과 이에 대한 예방 조치는 무엇인가?
4. PSC 수검 시 주의사항은 무엇인가?
5. 로이드 선급의 지적사항 중 중요한 내용은 무엇인가? 그리고 지적사항에 대한 대응방안은 무엇인가?
6. 한국 선급의 지적사항과 대응방안 중에서 중요한 내용은 무엇인가?

2. PSC 개요

2.1 PSC와 MOU

국제항해에 종사하는 모든 선박은 항만당국(Port Authority)이 제시한 국제적인 규약과 협약의 준수가 요청된다. 선박은 기국, 해운회사, 선장 등의 노력을 합하여 특정 국제기준에 부합되도록 유지되어야 한다.

외국 선박이 국제 항만에 기항할 때, 이 선박은 예상되는 상태를 상회하는 일정수준의 선박상태가 유지될 수 있다는 것이 보장되기 위하여 점검(inspection)을 받는다. 이러한 점검을 항만국통제(PSC)라 한다. PSC는 다음과 같이 정의할 수 있다.

- PSC는, 항만당국이 자국의 항만 및 계류시설에 있는 외국적 선박에 대하여 자국 연안에서의 사고를 방지하고 해운산업을 보호할 목적으로 선박 상태를 점검하고 결함사항에 대하여 시정조치를 요구하는 행위이다.

아울러, PSC에는 MOU(Memorandum of Understanding)란 것이 있는데, MOU의 의미는 다음과 같다.

- MOU는, PSC를 시행하여 기준미달선박을 제거하기 위한 효과적인 방법의 일환으로 채택된 합의문서로서, 인근지역에 위치한 국가 사이의 긴밀한 협력을 바탕으로, PSC 점검 항목을 일관되고 조화롭게(harmonized) 적용하기 위한 원칙을 정하기 위한 것이다.

2.2 파리 MOU의 등장

PSC 규정은 프랑스 파리(Paris) MOU가 체결되면서 등장하게 되었다. 초기의 파리 MOU에는 외국선박의 검사를 위한 몇 가지 일반규정이 제시되었는데, 그 내용은 다음과 같다.

1. 항구에 처음 입항하거나 또는 12개월 이상 입항한 기록이 없는 선박에 대해서 점검을 실시할 수 있다.
2. 시정해야 될 결함(deficiencies)이 지적되었던 선박에 대해서 점검을 실시할 수 있다.

3. 도선사 또는 항만당국에 의해 결함이 있다고 보고된 선박에 대해서 점검을 실시할 수 있다.
4. 선박의 각종 증서가 미비된 선박에 대해서 점검을 실시할 수 있다.
5. 항해 중에 좌초(grounding), 충돌(collision) 또는 좌주(stranding) 등 어떠한 사고가 발생한 선박은 점검을 실시할 수 있다.
6. 위험물 또는 오염물에 관한 정보보고에 실패한 선박에 대해서 점검을 실시할 수 있다.
7. 연속된 6개월 동안 해당 선급이 중단된 선박은 점검을 실시할 수 있다.
8. 다른 해사당국으로부터 신고 또는 통지 대상이 된 선박은 점검을 실시할 수 있다.
9. 선박의 승무원, 재물, 환경 등에 위협이 되는 것으로, IMO의 규정위반혐의로 제소된 선박에 대해서 점검을 실시할 수 있다.
10. 선박은 발견된 결함이 출항 전 또는 다음 항만에서 또는 14일 이내에 시정되는 조건에서만 항만을 떠날 수 있다.

2.3 파리 MOU가 체결된 원인

1978년 3월, 라이베리아의 편의취적(Liberia flag of convenience) 초대형 원유운반선(Very Large Crude Carrier, VLCC) 아모코-카디즈(M/V Amoco Cadiz)가 프랑스 북서부 브리트니(Brittany) 해안에서 3마일 떨어진 포르살록스(Portsall Rocks)에서 좌초하였다.

이 때, 아모코-카디즈 호는 21만 9천 797톤의 경질원유(light crude oil)를 적재하고 있었다. 혹독한 날씨로 인하여 선박은 파손되고, 적재되어 있던 셸(Shell) 정유회사 소속의 원유 전량과 4천 톤의 연료유가 바다에 유출되었다. 이 사고로 사상 최대 규모의 유류유출사고가 발생하였다. 이 사고 영상은 다음의 웹사이트에서 볼 수 있다.

https://search.alexanderstreet.com/view/work/bibliographic_entity%7Cvideo_work%7C1792921/vlcc-amoco-cadiz

1978년 아모코-카디즈 호의 대규모 기름유출사고 이후, 유럽의 12개 유럽해사당국과 유럽위원회는 외국 선박의 항만에서의 <u>결함(defects)</u>과 <u>지적</u>

사항(deficiencies)을 검사하기 위한 조화로운 시스템(harmonized system)을 개발하기로 결정하였다. 아울러, 컴퓨터의 데이터베이스(data base)에 저장될 선박들의 조화로운 점검절차와 중앙집중식 기록 방법 등도 논의되었다.

이러한 결정에 대해서 1982년에 합의가 이루어졌고, 이에 항만국통제에 관한 파리 양해각서(Paris Memorandum of Understanding on port state control)(일명, 파리 MOU)가 체결되었다.

파리 MOU 조항에 의거하여 유럽의 각 정부는 자국 항만에 들어오는 외국 선박을 최소 25% 점검하기로 결정하였다. 한편, 파리 MOU가 시행되면서 문제점이 발견되었는데, 그 것은, 인접 국가들 사이에서 짧은 기간 동안 동일한 선박을 지속하여 통제하면 불필요한 업무가 중복될 수 있다는 것이었다.

그래서 중복되는 업무는 피할 수 있도록 국가 간의 지역적 협력의 필요성이 제기되었고, 이에, 해양 국가들 사이에 선박의 이동 궤적과 기존 기록 등에 대한 정보를 서로 공유하기로 결정하였다. 이러한 정보를 이용하면 점검은 필요에 따라 실시할 수 있을 것으로 예상하였다.

이러한 과정을 거친 후 파리 MOU가 본격적으로 시행되게 되었다.

아울러, 1982년 파리 MOU 이후 다른 지역에서도 MOU가 추진되었는데, 파리 MOU를 포함하여 총 9개의 MOU가 체결되었다. 그 중 일부를 소개하면, 도쿄 MOU, 라틴 아메리카의 비나-델-마르 협정(Vina-Del-Mar Agreement, Latin America), 카리브해(Caribbean) MOU, 지중해(Mediterranean Sea) MOU, 인도양(Indian Ocean) MOU 등이 있다.

아래 그림들에 해당 MOU의 홈페이지를 참고로 나타냈다. 여러분들도 홈페이지를 방문해 보기 바란다. 아쉽게도 일부 MOU는 홈페이지 접속이 불가능하여 소개하지 못하였다. 아울러 미국 연안경비대(USCG)는 MOU가 없고, USCG 자체적으로 PSC를 시행하고 있다.

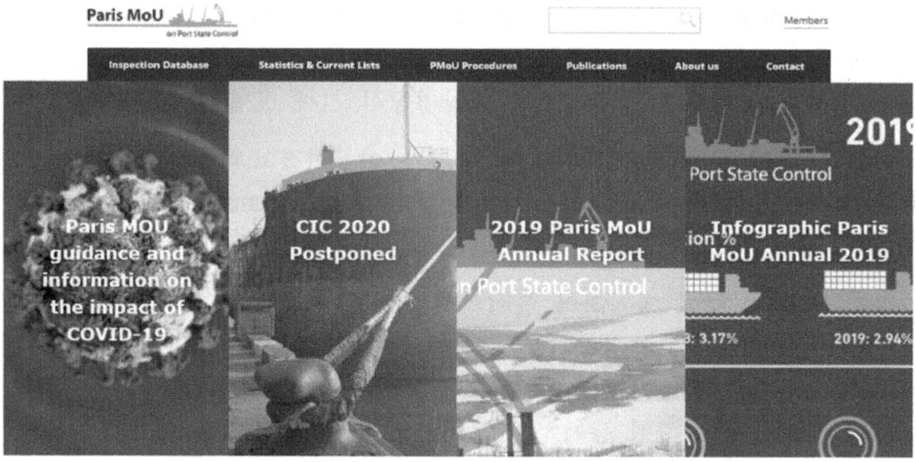

그림 37. Paris MOU(2020), Pari MOU homepage, downloaded Sep. 13, 2020, Web: https://www.parismou.org/

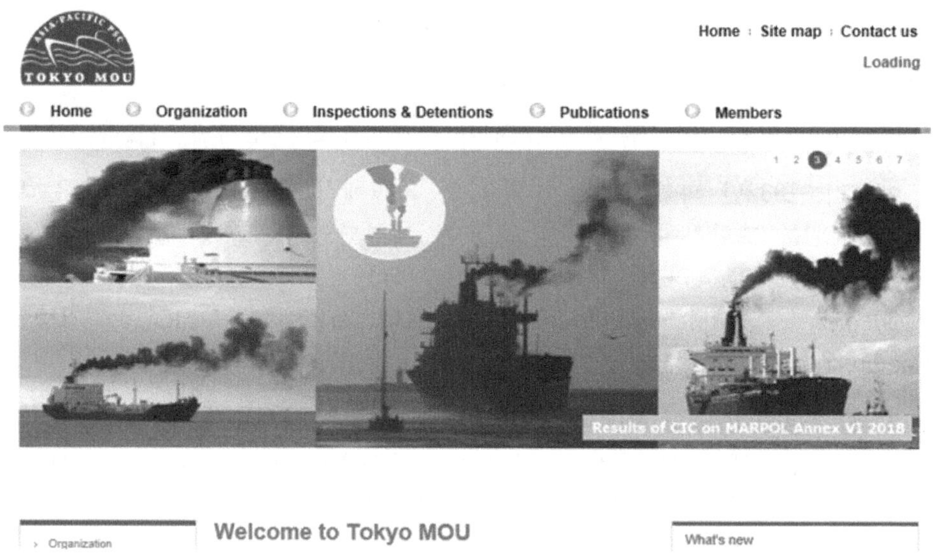

그림 38. Tokyo MOU(2020), Tokyo MOU homepage, downloaded Sep. 13, 2020, Web: http://www.tokyo-mou.org/

그림 39. USCG(2020), USCG homepage, downloaded Sep. 13, 2020, Web: https://https://www.dco.uscg.mil/Our-Organization/Assistant-Commandant-for-Prevention-Policy-CG-5P/Inspections-Compliance-CG-5PC-/Commercial-Vessel-Compliance/

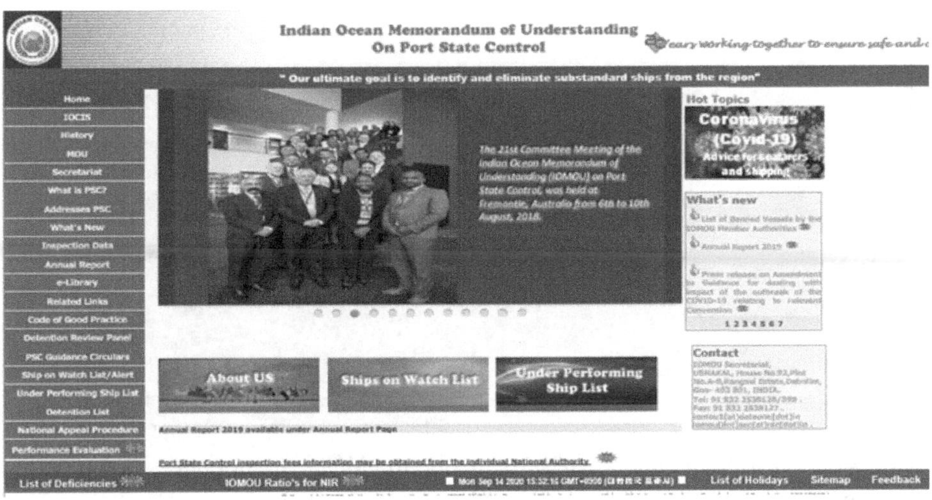

그림 40. Indian Ocean MOU(2020), Indian Ocean MOU homepage, downloaded Sep. 13, 2020, Web: https://http://www.iomou.nic.in/

그림 41. Ryadh MOU(2020), Ryadh MoU homepage, downloaded Sep. 13, 2020, Web: https://www.riyadhmou.org

그림 42. Caribbean MOU(2020), Caribbean MOU homepage, downloaded Sep. 13, 2020, Web: http://www.caribbeanmou.org/index.php

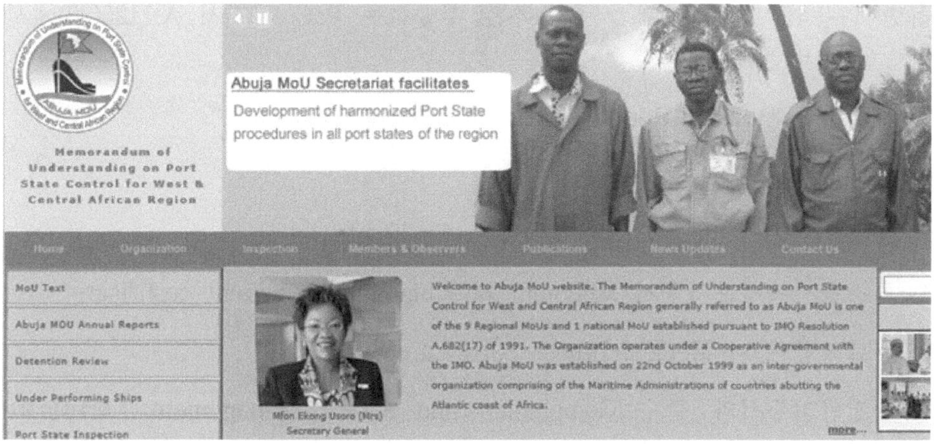

그림 43. Abuja MOU(2020), Abuja MOU homepage, downloaded Sep. 13, 2020, Web: http://www.abujamou.org/index.php

2.4 PSC 조사에서 확인된 선박 증서와 문서

출처 : Marine Insight(2020), The Ultimate Guide to Port State Control (PSC) Inspection on Ships, 다운로드 2019년 8월 1일 (Web: https://www.marineinsight.com/maritime-law/the-ultimate-guide-to-port-state-control-psc-inspection-on-ships/)

위의 출처 자료에는 PSC 점검에서 주로 지적되는 40가지의 주요한 규정과 문서들이 소개되어 있다. 이러한 규정과 문서는 PSC 점검에 주로 등장하는 것이기 때문에 잘 숙지해 두어야 한다.

PSC 점검은 자국에 입항하는 외국 선박의 상태가 적정하고 그리고 국제적인 해사당국이 제시한 기준에 부합하는지 입증하기 위해서 전 세계 항만당국이 따르고 있는 일반적인 관행이다.

PSC는 비표준 선박을 억류(detain)할 수 있는 모든 권리를 갖는데, 비표준 선박이란, 공해상에서의 운항에 요구되는 해사협약을 충족하지 못하는 국제항해에 종사하는 선박을 의미한다. 그리고 PSC 조사에는 기계, 장비, 선박구조 등에 대한 점검뿐만 아니라 각종 선박의 증서와 서류에 대한 검증도 포함된다.

결함이 지적되는 중요한 선적 증명서와 문서 중에서 일부 40가지를 정리하면 다음과 같다. 전체 서류목록은 후술하는 IMO 의결서 A.1120(30)에서 학습하기 바란다.

1. 화물기록부 Cargo Record Book
2. 기름기록부 Oil Record Book
3. 국제톤수증서 International tonnage certificate
4. 최소안전관리문서증서 Minimum safe manning document certificate
5. 의료적합 증서 Medical fitness certificate
6. 안전관리증서와 준수 Compliance and Safety Management Certificate (ISM Code)
7. 국제로드-라인증서 International Load Line Certificate
8. 국제로드-라인제외증서 International load line exemption certificate
9. 위험화물운송증서, Dangerous Cargo Carrying Certificate
10. 국제유류방제증서 International Oil Prevention certificate
11. 전 세계 해상 안전조난 및 안전 시스템 증서 Global Maritime Distress and Safety System(GMDSS) certificates
12. 산적액화가스수송적합성 증서 Certificate of fitness for carriage of liquefied gases in bulk
13. 산적 유해성액체물질 운송에 관한 적합성 증서 Certificate of fitness for carriage of noxious liquid substances in bulk
14. 여객선안전증서 Passenger ship safety certificate
15. 이전의 PSC검사보고서 Reports of previous Port State Control Surveys
16. 선박유류유출비상계획 Shipboard Oil Pollution Emergency Plan
17. 화물고박 매뉴얼 Cargo Securing Manual
18. 화물적재와 하역계획 Cargo loading and unloading plans
19. 쓰레기 기록부 및 쓰레기 관리 계획 Garbage record book and garbage management plan

20. 평형 수 관리계획 Ballast water management plan
21. 여객선의 운항제한사항 문서 Document of operational limitations in case of passenger ships
22. 비상배치 목록 Muster List
23. PSC를 제외한 이전 조사 보고서 Reports on previous surveys apart from PSC
24. 화재제어 및 안전계획 Fire control and safety plan
25. 특수목적선박안전증서 Special purpose ship safety certificate
26. 엔진룸과 갑판 로그-북 Engine room and deck log book
27. 로-로 선박의 A/A최대비율증서 A/A Max Certificate for Ro-Ro Ships
28. 점검 및 훈련 기록부 Records of tests and drills
29. 고속선박 안전 및 운영증서 High Speed Craft Safety and Operational Certificate
30. 선급에서 발행한 선체강도 및 기계설치 증서 Certificate of Ship's hull strength and machinery installation issued by the classification society
31. 위험물 승인에 대한 선박승무원의 자격증 Ship crew's certificate of competency for dangerous goods endorsement
32. 산적 위험화학물운송증서 Certificate for carrying of dangerous chemicals in bulk
33. 화물선안전증서 Cargo ship safety certificate
34. 손상계산이 포함된 손상안전성 책자 Intact stability booklet with damage calculations
35. 적재계획 Stowage plan
36. 유조선에 관한 유출감시 및 통제 시스템 기록 Record of oil discharge monitoring and control system for oil tankers
37. 해상시추선박에 관한 이동형해상시추 안전증서 Mobile offshore drilling safety certificate for offshore drilling vessels

38. 특정화물의 운송에 관한 허가문서 Documentation of authorization for carrying of particular cargo

39. 여객선 수색구조(SAR) 협력계획 Cooperation plan for passenger ships

40. 선박 건조 및 장비에 대한 화물선안전증서 Cargo Ship safety certificate for ship's construction and equipment

위의 40가지 문서에서 볼 수 있듯이, PSC는 주로 선원과 선박의 안전에 중점을 두고 있으며, PSC는 각 연안국에서 선박의 감항성(seaworthiness)을 점검할 책임이 있다.

이러한 PSC 점검은 매우 엄격한데, 선박이 적절하게 유지보수가 안되어 있고, 관련 문서가 선박에 비치되어 있지 않으면 출항정지(detention) 당할 수 있으니 항해사들은 특히 주의해야 한다.

PSC 검사 후, 선장은 점검결과를 회사에 보고해야 하는데, 다양한 형식의 폼을 다양한 선급 홈페이지에서 무료로 다운로드할 수 있다.

3. PSC 업무절차

출처 : 해기사협회(2009), 항만국통제(PSC) 업무절차, 다운로드 2020년 9월 15일, Web: http://www.mariners.or.kr

해기사협회에서는 2009년에 관련선사의 업무상 편의를 돕고자 PSC 업무절차를 개발한 바 있다. 이 업무절차는 최소한의 기준으로 작성된 것으로, 법적인 근거에 의한 것이 아니며, 다만 참조용으로 사용될 수 있다.

본 교재에서는 국내외 기관에서 간행된 내용에서는 어떠한 용어를 사용하고 있는지? 그리고 어떻게 해석하고 있는지를 알기 위한 용도로 설명하고자 한다. 후술하는 PSC의 국제규정 내용과 비교하기 바란다.

3.1 일반사항

PSC에 관한 책임과 권한은 다음과 같다.

1. 안전경영책임자는 관리 선박의 PSC 관련 업무를 총괄하며 이에 대한 책임 및 권한이 있다.
2. 담당감독은 관리 선박의 PSC 지적 감소를 위하여 필요한 교육, 지적사항 분류 및 원인분석과 재발방지를 위한 대책을 수립하고 시행할 책임 및 권한이 있다.
3. 선장은 본선 PSC 수검 준비 및 조치에 대한 총괄책임 및 권한이 있다.

3.2 통상적인 PSC 점검 방법

3.2.1 관련 규정

PSC 점검절차와 관련 IMO 규정은 다음과 같다.

- IMO Res.A.787(19), IMO Res.A.882(21), 그리고 2017년 12월 6일에 의결된 Resolution A.1120(30) (Survey Guidelines Under the Harmonized System of Survey and Certificate (HSSC), 2017

3.2.2 점검의 근거

PSC 점검은 다음에 근거하여 시행할 수 있다.

① 당사국의 자발적 의지

② 타 주관청의 제보 및 요청

③ 승무원, 전문단체, 협회, 노조 또는 당해 선박승무원 및 여객의 안전 또는 해양환경 보호와 관련이 있는 자로부터의 제보

3.2.3 점검의 시행

1. 항만당국에 의해 권한과 책임이 부여되고 적절한 자격을 갖춘 통제관이 점검을 시행한다.

2. 통제관은 승선점검 시 안전, 해양오염방지 및 보안과 관련된 증서, 서류 등에 대해 일차적으로 개략적인 점검을 실시한다.

3. 개략적인 점검실시 결과 명백한 근거(clear ground) 또는 검사관의 전문적인 판단에 의해 결함선박으로 인정될 경우에는 상세점검을 실시한다.

4. 항만당국은 점검을 실시한 내부양식에 따른 점검결과와 항만당국이 취한 세부조치사항이 명시된 서류를 해당선박의 선장에게 교부한다.

5. 항만당국은 발견된 결함사항에 대하여 시정조치를 요구한다.

3.2.4 명백한 근거

상세한 점검을 실시하기 위한 명확한 근거(clear ground)는 다음과 같다.

1. 협약이 요구하는 주요 설비 및 장치의 미비

2. 선박증서가 유효하지 않다는 명확한 증거

3. 협약요구 서류의 미비, 불량 또는 허위비치의 증거

4. 선체 또는 구조상 심각한 변형 또는 결함이 존재하고 그 결함이 선박의 구조, 방수 또는 방풍 유지에 위험을 초래할 수 있다는 근거

5. 심각한 결함이 안전과 오염방지 또는 항해설비에 존재한다는 근거

6. 선장 또는 승무원이 선박안전, 선박보안 또는 오염방지에 관한 필수적인

선상작업에 능숙하지 못하거나 그러한 작업을 이행하지 않다는 근거

7. 승무원 사이의 의사소통이 원활치 못하다는 근거
8. 비상임무배치표, 화재제어도 및 손상제어도가 최신화 되지 않은 경우
9. 적절한 해제절차가 수반되지 아니한 허위 조난신호의 발사
10. 선박이 기준미달이라는 정보를 포함한 보고 또는 불만이 접수된 경우

3.2.5 기준미달선의 식별

기준미달선박은, 일반적으로 다음과 같은 사유에 해당하는 선박을 의미하는데, 선박의 선체, 기계, 설비 또는 운항안전 요건이 관련협약의 기준에 실제적으로 미달하거나 또는 승무원 배승이 최소승무정원 증서와 일치하지 않는 경우이다.

1. 협약에서 요구하는 주요설비 또는 장치의 미비
2. 설비 또는 장치가 협약의 관련규정과 불일치한 경우
3. 정비 불량 등으로 인한 선박이나 설비의 실질적인 변형
4. 운항 숙련도 미숙 또는 승무원의 필수적인 운항절차 미숙지
5. 불충분한 승무원의 승무 또는 승무원의 자격

기준미달선박은, 이러한 명백한 요소들이 전체적 또는 개별적으로 선박의 감항성을 저해하거나, 선박 또는 승선 중인 인명을 위험에 처하게 하거나, 해양환경에 불합리한 위협이 존재하는 상태 등인 경우에 해당된다.

3.3 PSC 지적 예방 방법

3.3.1 일상적인 준비

(1) 회사의 준비사항

1. 회사는 선원 배승 전 각 직급별 적절한 시간동안 PSC 업무절차에 대한 교육을 시행한다.

2. 특히, 선장 또는 기관장에 대한 교육에는 본선에서 관리해야 할 모든 증서, 자격증 및 서류의 목적 및 관리방법에 대한 교육을 포함해야 한다.

3. 관리 선박에 대한 MOU별 집중점검 목표를 주기적으로 확인하고 필요한 조치를 한다.

(2) 본선의 주기적 점검

1. 증서 및 자격증은 그 유효기간이 넘지 않도록 유지한다.

2. 제반 서류의 기록과 관리를 철저하게 한다.

3. 년 4회(분기별) 한국선급의 PSC 점검목록에 따라서 점검을 시행하고, 시행결과를 관련 사진을 첨부하여 필요한 지원요청과 함께 회사에 송부한다.

4. 매월 한국선급의 소화/퇴선훈련 점검표에 따른 소화/퇴선훈련 시행 후 자체평가서 및 관련 사진을 회사에 송부한다.

(3) 주기적 점검 결과에 대한 선박 및 회사의 후속조치

1. 즉각적인 시정조치가 필요한 경우 즉시 회사의 협조를 의뢰한다.

2. 회사는 송부된 본선의 주기적 점검자료를 분석하여 검토결과를 선박에 회신한다.

3. 필요시 한국선급에 기술자문을 요청하거나 PSC 사전점검 또는 동행점검을 신청한다.

(4) 입항 예정 항만에 대한 선박 및 회사의 PSC 정보입수 및 준비

1. 입항 전에 PSC 수검 여부를 현지 대리점 등을 통해 확인한다.

2. PSC 수검이 예상되는 경우, PSC 지적사례를 한국선급 홈페이지에서 확인하여 선박에 정보를 제공한다.

3. 위에 추가하여 선박이 주요 MOU 대상 지역에 입항예정인 경우 한국선급에 PSC 관련 자문을 구하며, 필요시 사전점검 및 동행점검을 신청한다.

(5) 입항 전에 선박에서 수시로 확인해야 할 사항

1. 선박의 안전 또는 설비의 유효성 또는 안전성에 영향을 주는 사고가 발생하거나 본선에 결함사항이 있는 경우, 선장은 입항 전 선사, 현지 대리점에 보고하고, 선사는 해당 항구에서의 시정조치 준비를 완료하며, 해당 결함사항을 식별하고 기록을 유지
2. ISPS에 따른 출입통제 철저
3. 유효한 증서와 문서가 정리되어 있고, 증서는 일목요연하게 정리
4. 각종 증서의 배서 기록 확인
5. 갑판, 거주구역 및 기관실의 정리정돈
6. 선원의 담당업무 및 훈련임무 숙지
7. 주요 출항정지 사항을 고려하여 본선 설비상태 확인
8. 긴급 상황에 대비하여 한국선급 검사지원팀 및 인근 한국선급지부의 연락처 준비
9. 로그-북 기사 확인

3.3.2 수검 시 유의사항

(1) 일반사항

1. PSC 임검 시 회사에 즉시 연락한다.
2. 특별한 일이 없는 한 선장 및 기관장의 동행점검을 원칙으로 하고 이에 추가하여 갑판사관과 기관사관 그리고 부원 각각 1명씩 추가하여 총6명이 동행점검을 시행한다.
3. 복장은 단정하게 하고 동행자중 최소 1명은 휴대용 통신기를 지참한다.
4. 지적된 결함내용을 명확하게 인지하지 못한 경우 선장은 PSCO에게 재확인하고, 즉각적인 시정조치를 통해서 출항정지코드(30번)가 기재되지 않도록 한다.

(2) 소화 또는 퇴선 훈련

1. PSCO가 소화 및 퇴선 훈련을 요구한 경우, 선장은 PSCO와 화재규모, 훈련 시행시간 및 진행방법에 대하여 협의하고, 이를 본선 선원에게 간략하게 설명할 수 있는 시간을 갖도록 PSCO에게 요청한다.
2. 가능한 본선의 훈련시나리오에 따른 훈련을 시행하도록 PSCO에게 요청하고 진지하게 훈련에 임한다.
3. 훈련의 합부판단 기준이 주관적일 수 있음을 감안하여, 가장 합리적인 반박논리 또는 주기적인 훈련시행 기록과 근거 사진 등을 보여주거나 재훈련을 통해 출항정지코드(30번)를 부여 받지 않도록 노력한다.

3.3.3 수검 후 조치사항

(1) 단기적인 조치사항

1. 수검결과 출항정지를 부여 받은 경우 즉시 회사에 보고하고 회사는 한국선급에 협조요청을 한다.
2. 수검결과는 출항정지 유무에 관계없이 회사로 보고 한다.

(2) 중장기적인 조치사항

1. 회사는 보고 된 PSC 수검결과에 대하여, 최대한 빠른 시일 내에 시정조치가 완료될 수 있도록 선장을 지원한다.
2. 선장은 모든 PSC 지적사항에 대한 조사보고서를 작성하여 선사로 송부한다.
3. 선장은 PSC지적원인조사 결과에 따라 관련 선원에 대하여 필요한 교육과 훈련을 시행하고, 회사는 시정조치 효과성 검증을 위하여 내부감사(internal audit)를 실시한다. 내부감사 방법은 다음과 같다.
   ① 출항정지가 발생한 경우, 정기적 내부감사 이외에 추가로 임시내부감사를 통하여 시정조치 효과성을 검증한다.
   ② 그 외의 지적사항이 있는 경우에는, 정기적 내부감사를 통하여 시정조치 효과성을 검증한다.

4. PSC 수검항구 내에서 완료 처리된 지적사항 이외의 지적내용은 즉시 완료하여 지적한 PSCO에게 통보하고, 관련된 조치 자료는 본선에 보유한다.

5. 관리 선대의 PSC 수검실적을 매년 분석하고 경영검토 자료로 사용한다. 실적 분석에는 최소한 선종별, 항로별 부적합 경향분석을 포함해야하며, 분석결과는 주기적으로 관련자에게 회람되어야 한다. PSC 수검실적에 따른 해당 선장 및 담당감독에 대한 별도의 관리방안이 수립되어야 한다.

4. 로이드 선급의 PSC 검사 항목

출처: Lloyd's Register Group(2012), PORT STATE INSPECTIONS POCKET CHECKLIST Revision 1, Reducing the risk of Port State Control detentions

위의 자료는, 2012년에 로이드 선급에서 처음으로 간행하여 서비스한 PSC 점검을 대비한 목록이다. 간단한 소형 포켓책자로 만든 것으로, 로이드 선급에서는 어떠한 내용이 주요 결함사항으로 발견되었는지 살펴보고, 이러한 점검에 대비할 수 있는 역량을 마련하기 바란다.

그림 44. 로이드 점검목록 책자 겉면

4.1 로이드 점검목록 책자의 개요

4.1.1 책자 소개

이 책자에 소개한 점검목록(checklist)은, 로이드 선급(Lloyd's Register)에서 간행한 것으로, 영국 피앤드아디클럽(UK P&I Club)과 함께 로이드 선급에 등록된 선박들에 대해서 항만국통제관(Port State Control Officer, PSCO)들이 발견한 결함을 정리한 내용이다.

이 책자에서는, 선박의 출항정지 위험을 줄이기 위한 공통지적사항(most common deficiencies)에 명시된 각종 지적사항에 대해서 여러분들이 항해하기 전 또는 입항하기 전에 점검할 것을 강력하게 권고하고 있다.

아울러, 점검목록은 해당 항목들이 국제협약의 요건에 부합하는지를 확인하는 데 도움이 될 것이기 때문에 이 목록의 모든 항목을 지속 점검할 것을 강력히 권고하고 있다.

선박에서 나타나는 다양한 결함들은 특정 영역별로 뚜렷하게 구별되어 있기 때문에 선원 각각은 자기의 임무에 해당하는 항목을 책임지고 점검할 수 있다.

이 책자에 수록한 점검목록은 국제협약을 준수하는데 도움이 될 것이고, 처음으로 제작된 것이다. 이 책자에 수록된 점검목록 및 관련 다른 내용들의 자세한 내용은 웹사이트(www.lr.org/psc 또는 www.ukpandi.com)에서 참조할 수 있다.

이 책자를 참고하는 데는 다음과 같은 법적 주의사항이 있으니 여러분들은 주의하여 참고하기 바란다.

로이드 선급(Lloyd's Register)과 그 계열사 및 자회사, 그리고 각각의 임원, 직원 또는 대리인은 개별적으로 그리고 집합적으로 이 조항에 로이드 선급그룹(Loyd's Register Group)으로 명기되어 있다. 본 책자에 관련된 내용에 대해서 로이드 선급 그룹은 어떠한 책임도 지지 않으며, 본 문서의 정보나 조언에 의존하거나 제공한 방법에 의해 야기된 손실, 손상 또는 비용에 대해 어떤 사람에게도 책임을 지지 않는다. 여기에는, '그 사람이 이 정보의 제공이나 자문에 대한 계약을 관련 로이드 선급 그룹 법인과 체결하지 않는 한' 이라는 단서 조항이 있고, 이러한 계약이 체결된 경우에,

어떤 책임이나 신뢰관계는 전적으로 그 계약에 명시된 조건에 따른다.

항만국통제를 포함하여 귀사에 영향을 미치는 선급과 규정에 관한 최신 뉴스는 로이드 선급의 '선급뉴스' 공지(*Classification News* Bulletins)에 게재되어 있다. 이 서비스에 가입하려면 www.lr.org/classnews을 참고하면 된다.

4.1.2 PSC 검사 준비

항만국통제관(PSCO)은 항상 선장집무실에서 점검을 시작하는데, 그 이유는 선장 집무실에는 다양한 문서와 자료가 준비되어 있기 때문이다. 이러한 각종 증서와 문서 등은 최신화 되고 유효성이 있음이 검증되어야 한다. 아울러 기타 필요한 모든 문서, 기록 및 매뉴얼 등은 반드시 승인된 것이어야 하고, 선내에 보관되어 있어야 한다.

만약, 장비가 파손되거나 분실되었거나 또는, 항으로 가는 도중에 선박이 심각한 손상을 입은 경우, 선장은 항에 입항하기 전에 항만당국(port authorities)에 통보해야 한다. 만약, 항만당국이 선급과 합의된 문제점과 영구적 또는 일시적인 처리방안을 통보 받았다면, 항만당국은 이 선박을 억류해서는 안 된다. 그러나 만약, 입항 전에 항만당국에 통보하지 않았다면 그리고 PSC가 점검에 관한 명백한 증거(clear grounds)를 갖고 있다면 항만당국은 이 선박에 대해서 출항정지(detention)를 명령할 수 있다.

만약 선박이 출항정지가 되었거나 출항정지가 될 것으로 보이는 경우, 즉시 가까운 로이드 선급 그룹 사무실에 연락하여 도움을 요청한다. (참고: 이것은 선박이 로이드 선급 그룹과 계약이 체결된 경우에만 해당함). 메이저(major) PSC 기관들은 아래에 예를 든 웹사이트에 선박에 관한 기준을 발표하고 있으니, 선주와 운영자들은 이 기준을 이용하여 선박의 목표등급을 평가해야 한다.

- 파리(Paris) MOU 웹사이트 : www.parismou.org
- 도쿄(Tokyo) MOU 웹사이트 : www.tokyo-mou.org
- 미연안경비대(USCG)웹사이트: http://homeport.uscg.mil/mycg/portal/ep/home.do
- 기타 MOU : 아부자(Abuja), 흑해(Black Sea), 카리브해(Caribbean), 인도양(Indian Ocean), 지중해(Mediterranean), 리야드(Riyadh), 미나델마(Vina

del Mar) 등

선박 운영자는 PSC 당국의 지적사항에 동의하지 않을 수 있는데, 대다수의 지역 PSC 기관은 출항정지에 항소하는 방법이 담겨 있는 지침을 제공하고 있으며, 이 내용은 위의 웹사이트에서도 찾아볼 수 있다.

아울러, 출항정지에 관한 지침은, 2017년 12월 6일에 채택된 의결서 A.1119(30)*의 부록 1에도 명시되어 있다.

- A.1119(30): Procedures for Port State Control, 2017; Appendix 1 - Code of Good Practice for Port State Control Officers Conducting Inspections Within the Framework of the Regional Memoranda of Understanding and Agreement of Port State Control), MSC-MEPC.4/Circ.2

4.2 주요한 공통 지적사항

다음 쪽의 그림은 로이드 선급에서 확인한 총 12가지 중요한 지적사항을 나타낸다. 건수가 많은 순위별로 나타내면 다음과 같다. 과연 어떠한 항목들이 주로 지적되고 있는지 상기하여 현장적응능력을 배양하기 바란다.

1. 선박과 장비의 유지보수 189건
2. 보조엔진 181건
3. 구명정 179건
4. 항해 간행물 144건
5. 기관실 청결상태 125건
6. 환풍기, 공기 파이프, 케이싱(casing) 등 123건
7. 추진용 주기관 113건
8. 해도 111건
9. 비상등, 배터리, 스위치 등 103건
10. 소화 댐퍼(fire dampers) 92건
11. 소방장치와 기구들 (fire fighting equipment and appliances) 91건
12. 기름 필터링 장비 91건

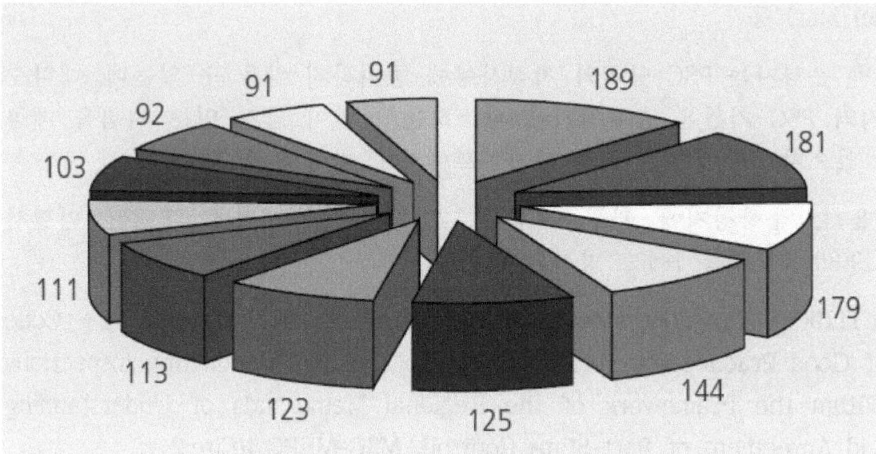

그림 45. 로이드 선급에서 확인한 12가지 지적사항의 분포(수) (출처: Lloyd's Register Group, 2012)

4.3 선장 집무실에 비치해야 될 서류

선장 집무실에는 다양한 증서와 서류가 비치되어 있어야 하고, 이와 관련된 내용의 지적에 대해서는 적절하게 대응할 수 있어야 한다. 여러분들의 현장적용능력 향상을 위하여 영어와 한글을 병행한다.

1. 증서와 문서 및 기록 : 가용한 모든 거래 증명서, 문서 및 기록, 그리고 적절하게 완료되고 승인된 날짜 등이 있어야 함 / Certificates, documents and records: all trading certificates, documents and records available, in date, appropriately completed and approved, as required

2. 훈련과 증서 및 당직에 관한 기준(STCW) : 가용한 모든 문서와 승선원들에 대한 적절한 증서가 필요함 / Standards of Training, Certification and Watchkeeping (STCW): all personnel appropriately certificated with documents available

3. 휴식시간의 기록 : 모두 가용해야 하고 최신의 기록이 요구됨 / Records of rest hours: all available and up to date

4. 안전한 선박관리 문서 : 문서가 최신화 되어 있고 원본 복사본이 있어야 함 / Safe Manning Document : up to date and original copy available

5. 국제안전관리(ISM)의 비상대비태세 : 문서로 작성된 증거를 이용하여 정

기적이고 효과적으로 훈련이 되었음을 나타내야 함 / International Safety Management (ISM) emergency preparedness : drills to be carried out regularly and effectively with documented evidence

6. 국제 선박 및 항만시설 보안(ISPS) : 규정에서 요구된 사항에 따른 기록과 준비 / International Ship & Port Facility Security (ISPS): records and arrangements in accordance with requirements
7. 선상 기름 오염 비상 계획(SOPEP) : 세부적인 연락처 정보가 포함된 것으로 승인되고 최신화된 계획이어야 함* / Shipboard Oil Pollution Emergency Plan (SOPEP): approved and up to date with contact details included

- 참고 : 정기적으로 실시된 훈련을 입증하는데 가장 좋은 증명방법은 날짜가 기록되어 있는 사진이다. Notes: Photograph records, with dates, provide good evidence of drills being regularly held.

IMO의 해사안전위원회 회람(MSC.1/Circ.1206)에 사고방지를 위한 수단에 관한 지침이 제공되어 있으니 참고 바람/ IMO MSC.1/Circ.1206 provides guidance on Measures To Prevent Accidents With Lifeboats.

4.4 선교에 비치해야 될 서류

선교에 비치할 서류는 다음과 같다.

1. 해도 : 항해에 요구되는 것으로서 유효하고 최신의 것으로 개정되어 있어야 함 / Charts: valid, up to date and as required for the voyage
2. 항해용 도서지 : 모두 가용해야 하고, 관련 규정의 요구에 따라서 적절히 완료되고 승인된 것 / Nautical publications : all available, appropriately completed and approved, as required
3. 자기 나침반 : 읽기 쉽고 정확하게 자차가 수정된 것(자차 도표의 게시) / Magnetic compass : easily readable and correctly adjusted (deviation card)
4. 등, 형상, 음향신호 : 작동할 것 / Lights, shapes, sound-signals : in working order

5. 수중음향측심기* : 작동할 것 / Echo-sounder : in working order

6. 전 세계 해상조난 및 안전 시스템(GMDSS) : 작동할 것, 예비 전원은 충분히 충전되어 있어야 함 / Global Maritime Distress and Safety System (GMDSS) : in working order and reserve sources of power fully charged

7. 비상위치표시무선 비콘(EPIRB) : 작동할 것, 업데이트된 유지보수 기록 내용 / Emergency Position Indicating Radio Beacon (EPIRB) : in working order; updated maintenance records available

8. 화재탐지 캐비닛 : 경보가 작동할 것 / Fire detection cabinet : alarms in working order

- 참고: 만약, 수중음향측심기가 작동하지 않는 경우 기국면제(이것은, SOLAS에 명시된 특정한 장비나 조건에 대한 면제를 의미하는 것으로 다음 원문내용 참조)를 받았고, 선상에 있는지 확인해야 한다. Note: If the echo-sounder is not functioning, ensure that a flag State exemption has been received and is on board.

- 기국면제 관한 SOLAS 2018의 내용(SOLAS 2018 Consolidated Edition)은 다음과 같다. 여러분들이 직접 번역해 보라.

Regulation 3 Exceptions

(a) The present Regulations, unless expressly provided otherwise, do not apply to:

(i) Ships of war and troopships.

(ii) Cargo ships of less than 500 tons gross tonnage.

(iii) Ships not propelled by mechanical means.

(iv) Wooden ships of primitive build.

(v) Pleasure yachts not engaged in trade.

(vi) Fishing vessels.

(b) Except as expressly provided in Chapter V, nothing herein shall apply to ships solely navigating the Great Lakes of North America and the River St. Lawrence as far east as a straight line drawn from Cap des Rosiers to West Point, Anticosti Island and, on the north side of Anticosti Island, the 63rd Meridian.

Regulation 4 Exemptions*

* Refer to Issue of exemption certificates under the 1974 SOLAS Convention and amendments thereto, as amended (SLS.14/Circ.115) and Port State concurrence with SOLAS

exemptions (MSC/Circ.606).

(a) A ship which is not normally engaged on international voyages but which, in exceptional circumstances, is required to undertake a single international voyage may be exempted by the Administration from any of the requirements of the present Regulations provided that it complies with safety requirements which are adequate in the opinion of the Administration for the voyage which is to be undertaken by the ship.

(b) The Administration may exempt any ship which embodies features of a novel kind from any of the provisions of Chapters II-1, II-2, III and IV of these Regulations the application of which might seriously impede research into the development of such features and their incorporation in ships engaged on international voyages. Any such ship shall, however, comply with safety requirements which, in the opinion of that Administration, are adequate for the service for which it is intended and are such as to ensure the overall safety of the ship and which are acceptable to the Governments of the States to be visited by the ship. The Administration which allows any such exemption shall communicate to the Organization particulars of same and the reasons therefor which the Organization shall circulate to the Contracting Governments for their information.

4.5 인명구조 장비

인명구조 장비(Life-Saving appliances)에 관한 주요 지적사항은 다음과 같다.

1. 구명정 : 구조적인 소음이 있는지 확인 / Lifeboats: structure sound
2. 구명정 엔진 : 어려움 없이 엔진 시동이 가능할 것 / Lifeboat engine: can start without difficulty (참고: 엔진은 윤활제 역할을 하는 WD-40과 같은 매직-스프레이(엔진 스프레이) 없이 시동할 수 있어야 하고, 탑승 구역에 있는 갑판은 미끄러지지 않는(non-skid) 코팅으로 칠해져 있어야 한다. Note: Engine must be able to start without 'magic spray' (engine spray). Recommend decks at embarkation areas have a non-skid coating.)
3. 구명정 부속물 : 규정에 요구되는 모든 것과 날짜가 표기되어 있어야 함 / Lifeboat inventory: all as required and in date
4. 구명정 설치대 : 잘 유지보수 되고 정상 작동할 것 / Lifeboat davits: well maintained and in good working order
5. 비상조명 및 비상배터리 : 올바르게 작동하고 제자리에 있는지 /

Emergency lighting and batteries: functioning correctly and in place

6. 구명조끼 : 정확한 숫자, 정확한 위치, 적절한 표시, 양호한 상태 유지 / Life jackets: correct number, correct location, with appropriate marking and in good condition
7. 구명환 : 정확한 숫자, 정확한 위치, 적절한 표시, 양호한 상태 유지 / Life buoys: correct number, correct location, with appropriate marking and in good condition
8. 팽창식 구명 뗏목 : 장애물 제거, 위크-링크의 올바른 위치, 수압에 의한 이탈 장치와 그 날짜 / Inflatable life rafts: clear of obstructions, weak link correctly positioned, hydrostatic release in date

- 아래 그림에서 하나는 팽창식 구명 뗏목의 수압에 의한 이탈 장치(Hydrostatic Release Unit, HRU)가 올바르게 장착된 상태를 나타내고, 다른 하나는 HRU가 잘못 장착된 상태를 나타낸 것으로, 뗏목 고정줄(painter)이 HRU에 부착되어 있어야 하는데, 쇳조각에 부착되어 있다.

9. 생존정의 탑승 준비 : 관련 규정의 요구사항을 따르는지 / Embarkation arrangements for survival craft: all in order as per requirements

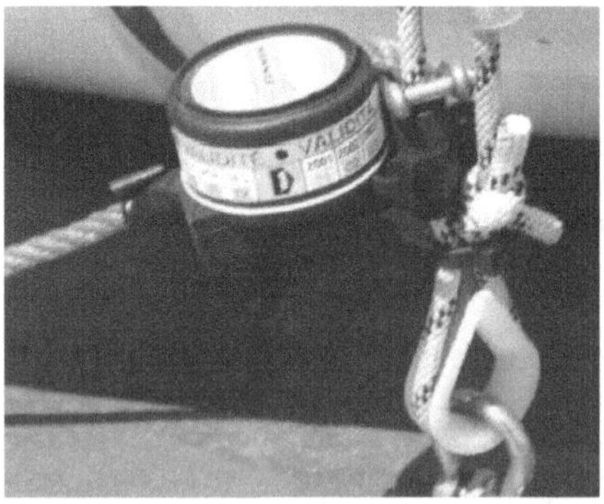

그림 46 올바른 상태

그림 47. 잘못된 상태

4.6 거주구역

선박 거주구역(Accommodation)의 주요 지적사항은 다음과 같다.

1. 방화 문 : 단단하게 닫을 수 있고 정상상태 유지 / Fire doors: able to

close tight and in good condition

2. 소방장비 : 사용 가능하고, 제자리 있고 정상으로 작동 / Fire fighting equipment: available, in place and in good working order
3. 방화통제계획: 계획서가 제자리에 있고, 최신상태 유지 / Fire control plan: in place and up to date
4. 표식, 표지(수밀문, 화재감지기, 방화 댐퍼, 환기) : 관련 규정에 의거하여 모두 제자리에 있어야 함 / Signs, indications (weathertight doors, fire detectors, fire dampers, ventilation): all in place and as required
5. 비상 조명 및 배터리 : 정상 작동하고 제자리에 있어야 함 / Emergency lighting and batteries: functioning correctly and in place
6. 위생시설* : 시설이 지정된 위치에 있고, 청결 및 올바르게 작동해야 함 / Sanitary facilities: equipment in place, clean and functioning correctly

*아래 그림은 위생시설이 더러워서 사용하기에 적합하지 않은 상태를 나타낸다.

그림 48. 잘못된 위생시설 상태

4.7 갑판

갑판 구역(Deck area)에 대한 주요 지적사항은 다음과 같다.

1. 갑판의 부식 : 갑판이 잘 유지보수 되고, 부식되거나 구멍이 나거나 훼손되어 있지 않을 것 / Deck corrosion: ensure deck well maintained and not corroded, holed or wasted

- 아래 그림은, 구멍이 난 갑판을 테이프로 감추고 그 위에 페인트를 칠하여 위장한 잘못된 경우를 나타낸다.

2. 난간과 캣-워크 : 모든 것이 잘 유지 보수되고 부식, 구멍, 훼손 등이 발생하지 않아야 함 / Railings, cat walks: ensure all are well maintained and not corroded, holed or wasted

3. 화물과 다른 출입구 : 수밀문과 뚜껑 등이 좋은 상태를 유지하고, 이들의 고박장치들이 적절하게 유지됨과 동시에 제자리에 있어야 함 / Cargo and other hatch-ways: ensure weathertight and the covers are in good condition with securing devices adequate and in place

4. 수밀문 : 양호한 상태를 유지하고 올바르게 잠길 수 있어야 함 / Weathertight doors: in good condition and securing correctly

5. 환기 장치, 공기 파이프, 케이싱 : 명확하게 표시되고, 양호한 작동상태를 유지해야 함 / Ventilators, air pipes, casings: clearly marked and in good working condition

6. 윈치, 캡스턴 및 앵커링 장치 : 명확하게 표시되어 있어야 하고 양호한 작동상태를 유지해야 함 / Winches, capstans and anchoring devices: clear markings and in good working condition

7. 방화 댐퍼, 급속폐쇄장치 및 제어수단 : 선명하게 표시되어 있어야 하고, 조작이 용이하며 부식되지 않아야 함 / Fire dampers, quick-closing devices and means of control : clearly marked, easy to operate and corrosion-free

- 아래 그림은 헐어버린 기관실의 화재 댐퍼(damper-일종의 개폐장치)를 나타낸다.

8. 소방장비와 기구 : 가용해야 하고, 유효한 재충전 날짜가 표시되고 적합해야 하며, 정해진 위치에 있고 정상작동 되어야 함 / Fire fighting equipment and appliances: available, in place and in good working order with valid recharge date marked where appropriate

9. 고정식 소화설비 : 용기들이 올바르게 서비스되어야 하고, 유효 날짜가 표시되어 있어야 하며, 소화액 분사를 위한 릴리즈-메커니즘(발사 고리 등)이 정상작동 해야 함 / Fixed fire extinguishing installation: bottles correctly serviced and dated; release mechanisms in good condition and in place

10. 구조정 : 규정에 요구된 사항 모두에 대해서 작동해야 함 / Rescue boats : all in order as per requirements

그림 49. 페인트로 위장

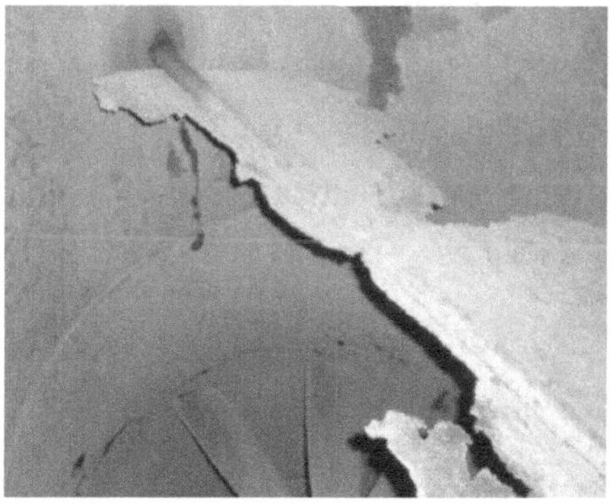

그림 50. 댐퍼 훼손

4.8 작업구역

작업구역(Working spaces)에 대한 주요 지적사항은 다음과 같다.

1. 비상소방펌프 : 펌프는 쉽게 작동시킬 수 있어야 하고, 호스에 충분한 압력을 공급할 수 있어야 함 / Emergency fire pump: capable of being started easily and delivering sufficient pressure at hoses

2. 비상발전기 : 쉽게 작동할 수 있고, 배전반에 연결할 수 있어야 함 / Emergency generator: able to be easily operated and connected to switchboard

3. 조명 : 적절한지 확인해야 함 / Lighting : ensure it is adequate

4. 안전한 접근수단 : 적절한지 보증할 수 있어야 함 / Safe means of access : ensure it is adequate

4.9 기관실

기관실(Engine room)의 주요 지적사항은 다음과 같다.

1. 기관실 청결상태 : 깨끗하고, 기름 누출이 없어야 하고, 깨끗하게 빌지와 탱크 상부가 청소되어야 하며 기름기 많은 누더기가 없어야 함 / Cleanliness of engine room: clean, no oil leaks, clean bilges and tank tops and no oily rags

• 아래 그림에서 하나는 보조 엔진에서 누유가 발생한 장면이다.

2. 버릴 기름의 선상 보관 : 올바른 탱크를 사용하고 있으며 항만시설을 이용하여 버릴 기름이 버려지는지 확인 / Retention of oil on board: ensure correct tanks are being used and they are emptied at port facilities

• 아래 그림에서, 선외로 빌지를 방출하기 위한 펌프를 무단으로 부착한 장면을 나타낸다.

3. 고압 연료 라인을 위한 재킷에 들어 있는 배관 시스템 : 해당 장소에 승인된 시스템인지, 누출 탱크 경보가 정상 작동하는지 확인 / Jacketed piping system for high pressure fuel lines: approved system in place, leak tank alarm in working order

4. 기름 필터링 장비(유수분리기) : 올바르게 작동하고, 불법으로 설치된 파이프가 없는지 확인 / Oil filtering equipment (oily water separator) : working correctly, ensure no illegal pipes

5. 15 PPM 알람 : 알람의 기능이 필요에 따라 작동하는지 확인 / 15 PPM alarm arrangements: functioning as required

6. 추진을 위한 메인 엔진 : 모든 구성요소가 올바르게 작동할 것 / Propulsion main engine: all components functioning correctly

7. 보조 엔진 : 모두 정상작동 중에 있을 것 / Auxiliary engines: all in working order

8. 기름 기록부 : 데이터가 올바르게 기록될 수 있도록 입력되는지 확인 / Oil record book: data correctly entered

9. 소방펌프 : 적절한 압력으로 작동하는지 확인 / Fire pumps: in working

order with adequate pressure

10. 조타 기어 : 올바르게 작동해야 함/ Steering gear: functioning correctly
11. 표시, 표지(방화문, 화재감지기, 방화 댐퍼, 환기) : 요구되는 규정에 의거하여 모두 해당하는 자리에 있는지 확인 / Signs, indications (weathertight doors, fire detectors, fire dampers, ventilation): all in place and as required
12. 비상 조명 및 배터리 : 기능이 정상작동하고 제자리에 있는지 확인 / Emergency lighting and batteries: functioning correctly and in place
13. 소방장비 : 가용하고, 해당 장소에 비치되어 있고, 적절하고 유효한 재충전 날짜가 표시된 상태에서 양호한 작동할 것 / Fire fighting equipment: available, in place, in good working order with valid recharge date marked where appropriate
14. 수밀문 : 양호한 상태를 유지하고, 원격으로 정확하게 잠기고 닫힐 수 있을 것 / Weathertight doors: in good condition, securing correctly and capable of being closed remotely

그림 51. 불법 파이프

그림 52. 보조 엔진 누유

4.10 PSC의 집중 점검 대상 선박

항만국통제관(PSCO)이 주요 표적으로 삼는 선박들의 대부분은 아래에 열거된 질문들에 의해서 결정된다. 이 질문들 중에서 일부 또는 전부가 예(yes)인 경우 여러분들의 선박은 집중 점검대상이 될 가능성이 크다.

1. 귀하의 선박은 MOU 블랙리스트(black list)에 등록된 기국 선박인가? / Is

your ship registered with a flag on the MOU black list of flags?

2. 귀하의 선박은 선급증서가 '인증되지 않은 기관'에서 발급된 것인가? / Are your ship's classification certificates issued by a non-recognized organization?
3. 귀하의 선박은 10년 이상 되었습니까? / Is your ship more than 10 years old?
4. 귀하의 선박은 기국이 모든 국제협약을 비준하지 않았습니까? / Has your ship's flag State NOT ratified all conventions?
5. 귀하의 선박을 승인한 선급기관의 결함비율이 평균 이상입니까? / Is your recognised organization's class deficiency ratio above average?
6. 귀하의 선박은 최근 12개월 동안 해당지역 항만에 입항하지 않았습니까? / Has your ship NOT entered a port in the region during the last 12 months?
7. 귀하의 선박은 지난 6개월 동안 점검을 받지 않았습니까? / Has your ship NOT been inspected in the last 6 months?
8. 귀하의 선박은 지난 12개월 동안 출항정지(한 번 이상 출항정지가 되면 집중적인 점검대상 선박으로 지정될 가능성이 현저히 높아짐)를 당한 적이 있습니까? / Has your ship been detained during the last 12 months (one or more detentions significantly increases the likelihood of an inspection)?
9. 귀하의 선박은 최근 12개월 이내에 PSC 점검 동안에 어떠한 결함이 발견되었습니까? / Have any deficiencies been found during Port State Control inspections of your ship within the last 12 months?
10. 귀하의 선박은 마지막 점검에서 현저한 결함이 있었습니까? / Are there outstanding deficiencies from the last inspection of your ship?

4.11 로이드 선급 소개

본 책자에 소개된 로이드 선급 그룹(Lloyd's Register Group) 소개내용은 다음과 같다. 로이드 선급은 승선 중에 여러분들이 자주 접할 기회가 있음으로 잘 숙지하기 바란다.

로이드 선급 그룹은 전 세계적으로 고객의 품질, 안전, 환경 및 비즈니스 성과를 개선하기 위해 일하는 독립적인 위험관리 조직이다. 이들의 전문지식과 활동은 해운, 철도, 기타 육상 산업과 석유 및 가스를 포함한다. 약 250개의 사무실에 약 8,000명의 직원이 근무하고 있다. 로이드 선급 그룹은 어떤 정부나 다른 기관과는 독립적으로 운영되고 있다.

로이드 선급(Lloyd's Register)은 로이드 선급 그룹의 상호명이다. 서비스는 로이드 선급 그룹의 회원들에 의해 제공되고, 자세한 내용은 당사 웹사이트 www.lr.org/entities을 참조하면 된다. 이 포켓 점검목록과 기타 시리즈의 사본은 웹사이트 www.lr.org/psc을 통해서 할 수 있다.

참고로, 영국 피앤드아이 클럽(UK P&I Club)은 세계에서 가장 큰 선주상호(P&I) 기업으로 현재 60개국에서 1억 7천만 총톤 이상의 선박을 담보하고 있다. 이 클럽은 컨테이너의 위험화물, 인적오류, 부상, 해상보안 등의 주제에 관해서 다양한 매체를 통해 손실방지 자료를 발행하고 있다. 클럽 활동은 www.ukpandi.com에서 확인할 수 있다.

5. 한국선급의 PSC 주요 지적 사례

본 내용은 한국선급(KR)의 2015년 4월 세미나 내용 중의 일부를 인용한 것이다. KR은 세계에서 인증하는 선급으로서 KR의 주요 지적사항의 학습을 통하여 현재 주로 지적되고 있는 PSC 점검사항을 알 수 있다.

출처: 한국선급(2015), PSC seminar, 2015년 4월 28일, Korean Register of Shipping Survey Team

5.1 2014년 주요 지적사항

5.1.1 화재안전 관련 지적사항

화재안전에 관련된 지적사항은 다음과 같다.

① 기관실 방화 댐퍼 작동 불량 또는 상태 불량 : 댐퍼를 닫은 상태에서 플랩(flap)과 플랩 사이에 갭 발생, 부식 및 파공 발생, 플랩을 연결하는 용접선이 쇠모되어 떨어져서 일부 플랩이 작동하지 않음, 작동 시 완전히 닫히지 않음, 액츄에이터(Actuator) 문제로 플랩이 완전히 닫히지 않음

② 기관실 환풍장치(Ventilator) 댐퍼의 고착으로 작동불능

③ 화물창 환기장치 댐퍼 고착으로 작동 불능

④ 빠른 폐쇄 밸브(Quick closing valve) : 고착으로 인하여 작동불능, 테스트 시 연료유가 차단되지 않도록 밸브 스프링 하부에 볼트를 끼워 넣은 채 테스트 후 이를 제거하지 않음

⑤ 주 소화 펌프의 압력이 충분히 형성되지 않아서 작동불량

⑥ 비상소화펌프 작동 불능 : 압력이 충분히 형성되지 않음, 석션(Suction) 측 버터플라이(butterfly) 밸브 불량

⑦ M/E 고압연료유관을 위한 피복관(Jacketed pipe) 일부 파손

⑧ 화물창 고정식 CO2 노즐 및 파이프 부식과 파공

⑨ 방화 구획의 일부 파손 : A급 구획을 관통하는 Cable coaming

compound 일부 파손

⑩ 물 분사 시스템(Water mist system)의 미 숙지 : 청수펌프 입출구 밸브를 닫힌 상태로 방치함

⑪ 연기탐지장치 작동상태 불량

⑫ 주기관의 유류 비산 검출기(Oil Mist Detector) 작동상태 불량

5.1.2 구명설비 관련 지적사항

구명설비와 관련된 주요 지적사항은 다음과 같다.

① 구명정 : 배터리 상태 불량 등으로 엔진 시동 불능, 릴리즈 기어(Release gear) 리셋 상태 불량, 릴리즈 훅(hook)이 제대로 리셋되지 않음, 격납상태 불량, 진수훈련 기록 누락, 승정용 사다리의 고정 아이(eye) 부위 손상

② 구조정 : 윈치 모터 작동 불능, 격납상태 불량, 리미트 스위치 및 브레이크 시스템 불량, 엔진 시동 불량

③ 구명뗏목 : 육상정비 후 구명뗏목 컨테이너 외부에 설치된 PP밴드 미제거

5.1.3 해양오염방지 설비 관련 지적사항

해양환경오염방지를 위한 설비와 관련된 주요 지적사항은 다음과 같다.

① 유수분리기 : 해수 재순환 과정에서 유류혼재측정기(Oil content meter)의 변화가 없음, 솔레노이드 밸브(Solenoid valve) 고장, 작동 테스트 시 분리 필렛(Separator fillet) 용접부에서 누수 발생

② 분뇨처리장치 : 내부 처리 물에 부유물 발견, 출구 게이트 밸브가 완전히 닫히지 않음

③ 폐기물기록부의 임의 서식 사용 및 일부 기록 누락

④ 승인되지 않은 호스 및 파이프 설치

⑤ 미국 수역에서 기관실 빌지 약 15톤을 승인되지 않은 방법으로 배출

5.1.4 비상기기 관련 지적사항

비상기기와 관련된 주요 지적사항은 다음과 같다.

① 비상발전기 작동 불량 : 시동 공기 라인의 감압 밸브에 이물질 유입, 비상발전기 시동용 공기탱크에서 오는 라인에 압력이 형성되지 않음, 릴레이 고장으로 비상정지 장치 고장, 배터리 상태 불량, 스타팅 모터의 피니온 기어(Pinion gear) 마모

② 비상등 점등 상태 불량 및 일부 비상등 작동 불량

5.1.5 만재흘수선 관련 지적사항

만재흘수선과 관련된 주요 지적사항은, 공기관, 소화관, 측심관의 부식 등이다.

5.1.6 항해안전 관련 지적사항

항해안전과 관련된 주요 지적사항은 다음과 같다. S-VDR 고장 알람(캡슐 접속 오류), 해도의 오래된 버전 보유 및 소개정 미실시, Navtex 작동 불능, Day light signal의 전선 피복 일부 벗겨짐, VDR이 다른 항해장비들과 연동되지 않음 등

5.1.7 선체구조안전 관련 지적사항

선체 구조안전과 관련된 주요 지적사항은 다음과 같다.

- 선체 외판 손상 : Tug가 선체를 지속적으로 압력을 가하여 선체에 스트레스가 발생하여 선체외판에 금(crack) 발생 및 누수, 선체 구조와 선체 외판이 만나는 부위의 필렛 용접선에 약 1 미터의 머리카락 정도의 금(hair crack) 발생, 선체 외판에 약 0.3 미터의 머리카락 정도의 금 발생

5.1.8 ISM 관련 지적사항

ISM과 관련된 주요 지적사항은 다음과 같다.

① 선상 비상대응능력 부족 : 소화훈련 불만족, 소방원 장구 작동법에 대한 친숙도 부족, 구조정 훈련 불만족, 구조정 진수절차에 대한 친숙도 부족, 비상훈련에 대한 상급 사관의 업무 이해도 부족

② 본선 선원이 DSC 송신 및 Echo sounder 알람의 숙지 부족

③ 다수의 지적 사항들을 하나의 ISM으로 지적

5.1.9 CIC 관련 지적사항

집중적인 점검 캠페인(Concentrated Inspection Campaign, CIC)과 관련된 주요 지적사항은 다음과 같다. 선원의 휴식시간 규정 미 준수, 휴식시간 기록부에 확인 서명 미기록, 선장이 선원근로시간을 확인하지 않고 휴식시간 임의 기록

5.1.10 기타 지적사항

① ISPS와 관련된 주요 지적사항은, 현문당직 소홀 및 제한구역 미 통제 등이다.

② MLC와 관련된 주요 지적사항은, 국제해상노동협약 요건을 미 충족하는 구 근로계약서의 보관이다.

③ 증서 및 기록과 관련된 주요지적 사항은, 기국이 발행한 3등기관사 자격증 만료이다.

④ 기타 지적사항은 다음과 같다. IMDG Code 요건에 따른 위험화물 격리 요건 미 준수, COLREG 규정 미 준수로 충돌, 앵커 체인 파이프 상태 불량 등이다.

5.2 2015년 주요 지적사항

5.2.1 화재안전 관련 지적사항

화재안전 관련 주요 지적사항은 다음과 같다.

① 화재탐지기 및 시스템 작동 상태 불량

② EEBD 공기 충전 상태 불량

③ 화물창 환풍기 댐퍼 고착으로 작동 불능

④ 급속차단 밸브 : 테스트 시 연료유가 차단되지 않도록 밸브 스프링하부에 볼트를 끼워 넣은 채로 테스트 후 이를 제거하지 않음

⑤ 신규 승선 갑판 및 기관사관들의 고정식 CO2 소화시스템 친숙화 부족

⑥ 주방 A급 방화 문을 열려진 상태로 고정

⑦ 발전기 배기가스 파이프 절연 누락

⑧ 비상발전기 고압연료유관 절연 누락

⑨ 연돌 댐퍼 작동 상태 불량

⑩ 기관실 소화호스 파공

⑪ 방화 문 자체밀폐장치(self-closing device) 상태 불량

⑫ 기관실 방화 댐퍼 작동상태 불량

⑬ 상부 감판 및 후미 갑판 상의 주 소화관 부식 및 파공

5.2.2 구명설비 관련 지적사항

구명설비 관련 주요 지적사항은 다음과 같다.

① 신규 승선 갑판사관 및 기관사관들의 자유낙하구명정 진수방법 친숙화 부족

② 구명정 강하 테스트 중 데비트 파손

③ 배터리 불량으로 구명정 엔진시동 불능

④ 구명정을 격납위치 아래로 하강시키는데 약 15분이 소요(SOLAS Ch.III Reg.31.15에 따라 **퇴선신호 이후 10분 이내에 진수**될 수 있어야 함)

5.2.3 해양오염관리 관련 지적사항

해양환경오염 관련 주요 지적사항은 다음과 같다.

① 유수분리기 작동상태 불량

② 분뇨처리장치 작동상태 불량

③ 항내 분뇨 불법배출

④ 주방 음식조리 기름의 무단 해상투기

⑤ 빌지 보관 탱크 내의 빌지 기록누락

⑥ 메인 소화관을 통한 기름 혼합물 불법배출

5.2.4 비상기기 및 시스템 관련 지적사항

비상기기 및 시스템 관련 주요 지적사항은 비상발전기 작동불량, 비상소화펌프 작동상태불량, 비상소화훈련 상태불량 등이다.

5.2.5 항해안전 관련 지적사항

항해안전 관련 주요 지적사항은 다음과 같다.

① VDR(S-VDR) 작동상태불량

② 신규 승선 사관들의 레이다 작동 및 비상조타절차에 대한 친숙화 부족

③ 해도 및 수로지 최신화하지 않음

④ 선속계 작동 불량

⑤ 측심기 작동 상태 불량

⑥ NUC(조정성능제한선)을 표시하는 등(light)의 일부 설치 누락

5.2.6 만재흘수선 관련 지적사항

만재흘수선 관련 주요 지적사항은 다음과 같다.

① 선수부 창구덮개 일부 힌지(hinge) 파손 및 부식

② 해치커버 및 출입구 부식 및 파공

③ 화물창 거위-목-환풍(Goose neck vent) 파이프의 부식 및 파공

5.2.7 무선설비 관련 지적사항

무선설비 관련 주요 지적사항은, GMDSS 장비용 배터리 상태 불량, EPIRB 커버 손상 및 안테나 파손 등이다.

5.2.8 증서 및 문서 관련 지적사항

증서 및 문서 관련 주요 지적사항은 다음과 같다.

① ISM 및 ISPS 증서 발행일이 심사완료일보다 앞섬

② 일반선박 손해배상 보장계약 증명서(Certificate of Insurance or Other Financial Security in Respect of Civil Liability for Oil Pollution Damage)의 만료

③ 비상탈출용 호흡구(Emergency Evacuation Breathing Devices, EEBD) 및 소화기 육상 점검증서 유효기간 경과

5.2.9 기타 관련 지적사항

① 구조안전 관련 주요 지적사항으로 침수경보 시스템(Water Ingress System) 작동 불량

② 화물 작업 관련 주요 지적사항으로 화물창 잠금장치 상태불량

③ 알람 관련 주요 지적사항으로 기관실 빌지 알람 작동 상태불량

④ 작업 및 거주 환경 관련 주요 지적사항으로, 기름 누수 등 기관실의 전반적인 청결상태 불량, 선수 빈 공간의 맨홀 커버가 안전장치 없이 개

방된 상태로 방치 및 밀폐구역 진입절차의 부적절한 시행, AC 220V 스위치보드 절연상태 불량, 보일러 하부 플레이트 손상으로 인한 배기가스 유출 등이다.

⑤ 추진 및 보조기기 관련 주요 지적사항으로는, 기관실 보조엔진의 각종 게이지 상태 불량 및 누유가 있다.

⑥ ISM 관련 주요 지적사항은, SMS 이행 상태 불량, 밀폐구역 진입 및 구조훈련이 2개월 마다 시행되지 않음 등이 있다.

⑦ MLC 관련 주요 지적사항으로는, 거주구 화장실 변기 작동 상태 불량, 선원 급여 미지급, 청정기실 청결상태 불량 및 누유, 계류 로프(Mooring rope) 상태 불량 등이 있다.

⑧ 기타 사항으로, 본선의 전반적인 정비 상태 불량이 있다.

5.3 KR이 제안한 PSC 출항정지 방지 대응 방안

2015년에 KR은 PSC 출항정지 방지의 필요성에 대해서 다음과 같이 기술하고 있다.

1. 선박 출항 지연에 따른 경제적 손실 : 출항억류 해제까지 항비 손실 및 운항 경비 손실 초래 등
2. 각종 외부기관 부여 등급 저하로 인한 손실 등 : 주요항구 입/출항 금지, Light Ship(친환경 선박을 의미함) 등급 저하로 인한 화물 선적 금지 및 재검사 수검 등, T-NIR 등에 따른 회사 및 타 소속선박에 악영향(PSC검사 기간 단축) 등
3. 기타 : 기국 등 외부 기관의 검사 수검 등, 육상 담당자 및 본선 승무원의 피로도 가중, 선가 저하, 출항 전 외국항에서 수리진행에 따른 예상외 손실 비용발생, 이력의 조회 가능에 따른 그 밖의 손해 등

아울러, PSC 출항정지예방을 위하여 선박에서 해야 할 사항은 다음과 같이 소개하고 있다.

1. 자체점검 : 매뉴얼 및 점검표 내용 이해 및 실질적인 점검 실시
2. 입항 또는 출항 전에 기기의 문제점 발견 시 적절한 대처 : 중요도 및 즉각적인 수리여부 판단, 육상관리회사 수리신청 필요여부 판단 및 진

행, 입항 전에 PSC 보고

3. 적절한 기록 유지 : 작업시간 기록(특히, 연료유 수급, 입출항시, 협수로 통항 시 등), 갑판 로그-북과 엔진 로그-북의 기록, 기름기록부의 기록, 폐기물 기록부의 기록, 수리신청서 및 외부 통신기록 등
4. 적극적인 선내 업무 진행 : 자체적이고 자발적인 비상훈련 실시, 업무 품질 향상을 위한 노력 등 (선내 교육 업무 숙련도 향상 등)
5. PSC 점검에 대한 적극적인 대처 : 선장과 기관장 및 책임사관의 재선의무 준수, PSC 검사관에 대한 우호적인 태도 및 신뢰성 확보, 지적된 항목에 대한 즉각적인 처리 및 처리방안 도출, 이미 인식된 문제에 대해서 진행사항 제시, 지적사항에 대한 시정조치 결과의 피드 백, 필요시 관리회사 및 가까운 KR지부 도움 요청 등

PSC 출항정지예방을 위하여 선주 및 관리회사에서 해야 할 사항은 다음과 같다.

1. 본선에 대한 적극적인 지원 및 관리 : 승무원에 대한 동기 부여, 본선에서 문제된 기기의 수리신청에 대한 적극적인 회신, 각종 PSC관련 정보 수집 및 본선 제공(KR 홈페이지 등의 이용), 내부 심사 및 방선을 통한 본선 상황 확인 및 지원내용 검토 및 시행 등
2. PSC 사전검사 및 동행검사 요청 검토: KR 검사 및 심사의 주간수검을 위한 본선의 스케줄 조정 검토, 필요시 가까운 KR지부 연락, PSC 사전검사관련 선박기술자문 지원 시스템 구축 및 가동 필요검토

5.4 2015년 PSC의 CIC

5.4.1 배경과 주요 내용

2015년 PSC의 집중적인 검사 캠페인(Concentrated Inspection Campaign, CIC)의 주제는 선원의 친숙화 및 밀폐구역이다. 이러한 주제의 선택 배경은 다음과 같다.

① 최소한 매 2개월에 한 번 밀폐구역의 진입 및 구조 훈련에 참여

② 이미 개발된 지침을 적절히 고려하여 밀폐구역 진입 및 구조 훈련을 계

획하고 안전한 방식으로 실행

③ 밀폐구역 진입 및 구조 훈련은 다음 사항 포함 : 진입을 위하여 요구되는 개인 보호 장구의 점검 및 사용, 통신장비 및 통신절차의 점검 및 사용, 밀폐구역내의 대기 상태를 계측하기 위한 장비의 점검 및 사용, 구조 장비 및 절차의 점검 및 사용, 응급조치 및 소생기술 등에 대한 지침 등

5.4.2 2015년 PSC의 CIC 질문서

2015년 PSC의 CIC 질문서는 다음과 같다. 여러분들은 과연 어떻게 답할 수 있는지 고민해 보기 바란다.

1. 국제요건에 따라 자격을 갖추고 검증된 선원이 본선에 충분히 배치되어 있습니까?

- 이 질문은 SOLAS와 STCW에 의거한 것으로, 아닌 경우에는 본선 SMS에 대한 추가 점검이 시행된다.

2. 본선 승무원이 주요한 선상작업 및 비상상황에 있어 그들의 해당 임무에 숙련되어 있습니까?

- 이 질문은 SOLAS와 STCW에 의거한 것으로, 주요한 선상 작업 및 비상상황에 대한 내용이 영어 또는 본선의 통용 언어 또는 기국에서 승인한 언어로 작성된 문서화된 지침이 선내에 게시되어야 한다.
- 아울러, 비상배치 목록(Muster List)에는 선원의 직급, 비상상황 시의 임무 및 예비임무, 일반비상경보 및 퇴선신호 등의 내용이 포함되어야 한다. 비상배치 목록은 최소한 선교, 기관실 및 거주구역에 게시되어 있어야 한다.
- 본선 선원을 무작위로 선정하여 비상상황 시의 임무를 설명하도록 요구해야 한다.
- 여객선의 경우는, 비상상황 시 비상소집장소 및 행동에 관해 여객에게 제공된 지침의 비치 여부, 구명조끼 착용법이 여객실, 여객 공간 및 비상소집장소에 게시되어 있는지 확인

3. 안전, 비상상황 및 환경보호에 관한 선원의 담당 임무가 출항 전 친숙화

가 되어 있습니까?

- 위의 질문은 SOLAS와 MARPOL에 관한 것으로, 선원들이 안전, 비상상황 및 환경보호 등에 관한 임무에 대하여 친숙화 교육 또는 훈련을 출항 전에 실시하였는지를 다음의 기록들을 통해 확인해야 한다.
- 공식 로그-북(Official Log Book), 갑판 로그-북(Deck Log Book), 엔진 로그-북(Engine Log Book), 안전에 관한 사관의 기록 책자(Safety Officers Record Book), 친숙화 관련 SMS에서 명시되어 있는 점검표

4. 본선 선원들은 훈련 매뉴얼의 내용을 설명할 수 있습니까?

- 위의 질문은 SOLAS에 관한 것으로, 무작위로 선정된 선원이 본선의 훈련 매뉴얼에 어떠한 내용이 있는지 대답할 수 있어야 한다. 그리고 식당에는 본선 훈련 매뉴얼이 오락실 또는 각 선원실에 비치되어 있어야 한다.

5. 밀폐구역 진입 및 구조 훈련이 IMO에서 개발된 지침을 적절히 고려하여 안전한 방식으로 계획되어 있습니까?

- 위의 질문은 SOLA에 의거한 것으로, 본선의 비상훈련계획은 최소한 선교, 기관실, 오락실, 식당 등에 게시되어야 한다.
- 훈련계획은 통상 1년 단위(1월~12월)로 작성되어 있어야 한다.
- 밀폐구역 진입 및 구조 훈련이 매 2개월마다 계획되어 있으며 해당 훈련에 대한 절차가 마련되어 있는지 확인하고, 해당 절차가 SMS에 포함되어 있는지 확인한다. 밀폐구역 진입 및 구조 훈련 점검표의 유효성을 확인한다.

6. 밀폐구역 진입 및 구조에 임무가 부여된 선원들이 적어도 매 2개월마다 해당 훈련에 참여하였습니까?

- 위의 질문은 SOLAS에 의거한 것으로, 밀폐구역 진입 및 구조 훈련이 최소한 2개월에 1회 시행되었는지 확인한다.
- 밀폐구역 진입 및 구조 훈련이 지정된 기간 내에 시행되지 못한 경우에는 그 이유를 로그-북에 기재한다.
- 누가 밀폐구역 진입 및 구조 훈련에 배정되어 있으며 해당되는 모든 선원들이 동 훈련에 참여하고 있는지 확인해야 한다.

7. 밀폐구역 진입 및 구조 훈련이 IMO 요구조건에 따라 시행되었습니까?

- 위의 질문은 SOLAS에 의거한 것으로, 밀폐구역 진입 및 구조 훈련은 관련 요구조건을 모두 만족해야 하며 IMO Resolution A.1050(27)의 선상에서 밀폐된 구역진입에 관한 개정 권고에 의거하여 수행되어야 한다.
- 밀폐구역 진입 구조 훈련에 대한 절차를 확인한다.
- 점검표 또는 다른 적절한 기록방법 등의 존재 유무를 확인하고, 이러한 사항 이외에 다음 사항을 확인한다. 밀폐구역 진입에 요구되는 개인 보호 장구, 통신장비 및 절차, 밀폐구역 내의 대기 상태를 측정할 수 있는 기기, 구조 장비 및 절차, 응급조치 및 소생 기술에 대한 지침

8. 밀폐구역 진입에 책임이 있는 선원이 진입 전 확인해야 할 산소 및 유해가스 제한 농도에 대하여 숙지하고 있습니까?

- 위의 질문은 SOLAS에 의거한 것으로, 밀폐구역에 대한 정보가 SMS에 제공되어 있는지? 그리고 밀폐구역 진입 및 구조에 책임 있는 선원이 다음 사항을 숙지하고 있는지를 확인해야 한다.

  ① 밀폐구역 위치와 각 밀폐구역의 위험사항

  ② 밀폐구역의 안전한 진입을 위한 절차

  ③ 밀폐구역 진입 전 산소 및 유해가스 등의 제한 농도

  ④ 선체 내부 구조, 화물의 특성, 잔여 화물 및 탱크 도장의 영향 등 산소 결핍에 영향을 미치는 요소

  ⑤ 벤젠, 황화수소 같은 특정 독성물질 유무 확인의 필요성

  ⑥ 밀폐구역에 인접한 구역에 불안전한 대기 존재 가능성 및 해당 절차에 동 사항이 반영

9. 밀폐구역에서의 산소 및 가스농도를 측정할 수 있는 기기가 본선에 비치되어 있습니까?

- 위의 질문은 SOLAS에 의거한 것으로, 밀폐구역에서의 산소 및 가스농도를 측정할 수 있는 기기가 본선에 비치되어 있는지를 확인해야 한다. 그리고 해당 기기는 아래 사항을 만족하여야 함

  ① 특정 가스 및 증기를 측정하기에 접합

② 양호한 작동 상태 및 정확하게 검정과 교정

③ 제조자 지침에 따라 정비

10. 본선의 책임 있는 선원이 9번 질문에서 언급된 기기 사용에 대하여 훈련되어 있습니까?

- 위의 질문은 (SOALS Ch.III/Reg.19.4.2.5)에 의거한 것으로 다음 사항에 답변할 수 있어야 한다.

① 밀폐구역 진입이 안전하다고 결정하는 책임자가 9번 질문에서 언급된 기기 사용에 대해 훈련을 받았는가?

② 책임자는 선종 또는 운송되는 화물과 관련된 특정 위험요소를 숙지하고 있는가?

③ 책임자는 밀폐구역이 안전한지 아닌지 결정하는 샘플링 기법을 숙지하고 있는가?

④ 기기 사용을 위한 제조자 지침이 본선에 제공되어 있는가? 그리고 책임자는 해당 지침을 숙지하고 있는가?

⑤ 밀폐구역 진입에 대한 본선 절차가 기기 사용에 대한 내용을 포함하고 있는가?

⑥ 밀폐구역 및 밀폐구역에 인접한 장소가 안전한지, 그리고 임의의 선원이 그러한 장소에서 계속 안전할 수 있음을 판단하기 위하여 책임자는 기기 사용의 제약사항 및 사용 절차에 대하여 숙지하고 있는가?

11. 밀폐구역 진입 및 구조 훈련 시 본선 선원들이 효과적으로 의사소통을 하고 있습니까?

- 위 질문은 SOALS에 의거한 것으로 다음 질문에 답할 수 있어야 한다.

① 본선의 통용 언어가 지정되어 있는가?

② 통용 언어가 기국의 공식 언어가 아닌 경우 밀폐구역 진입 및 구조 훈련을 위한 절차가 본선의 통용 언어로 작성되어 있음이 확인되는가?

③ 밀폐구역 진입 및 구조 훈련은 의사소통을 위한 수단 및 비상 신호 내용을 포함하고 있는가?

④ 밀폐구역 진입 및 구조 훈련을 감독하는 사람과 밀폐구역에 진입하는 사람은 의사소통 절차 및 비상 신호 내용에 대해 설명할 수 있는가?

⑤ 밀폐구역 진입 및 구조 훈련 시 훈련에 참여하는 선원들이 서로 명확하게 그리고 효과적으로 의사소통을 하는가?

12. 밀폐구역 진입 및 구조 훈련은 SOLAS Ch.III/Reg.19.3.6의 요구조건을 준수하고 있습니까?

- 위의 질문은 규정에 의거하여 실제 훈련의 실시가 필요한 것으로, 다음 질문에 답할 수 있어야 한다.

① 선원은 밀폐구역 진입 및 구조훈련 절차에 익숙한가?

② 선원은 밀폐구역 진입 및 구조훈련을 유능하고 안전한 방식으로 그리고 IMO의 권고사항에 따라 수행하는가?

③ 선원은 계획된 밀폐구역 진입 및 비상 상황에서 효과적으로 의사소통을 할 수 있는가?

④ 해당 훈련은 5번에서 11번 질문에서의 요구조건에 따라 시행되는가?

⑤ 훈련 시작 전, 훈련 시나리오가 PSCO에게 제공되어야 하며 해당 시나리오는 지정된 밀폐구역 및 관련 위험요소를 포함하여야 한다. 참고로, 해당 훈련은 실제 밀폐구역이 아닌 곳에서 시행되어야 하며 훈련 시간은 20분 내외로 한다.

위의 질문항목 7에 설명한 Resolution A.1050(27)의 부속서 내용은 다음과 같다.

APPENDIX : EXAMPLE OF AN ENCLOSED SPACE ENTRY PERMIT - This permit relates to entry into any enclosed space and should be completed by the master or responsible person and by any persons entering the space, e.g. competent person and attendant.

A 27/Res.1050
Page 10

APPENDIX

EXAMPLE OF AN ENCLOSED SPACE ENTRY PERMIT

This permit relates to entry into any enclosed space and should be completed by the master or responsible person and by any persons entering the space, e.g. competent person and attendant.

GENERAL

Location/name of enclosed space

Reason for entry ....

This permit is valid from:________hrs Date ....
to:________hrs Date ....
(See Note 1)

SECTION 1 – PRE-ENTRY PREPARATION
(To be checked by the master or nominated responsible person)

	Yes	No
• Has the space been thoroughly ventilated by mechanical means?	....	....
• Has the space been segregated by blanking off or isolating all connecting pipelines or valves and electrical power/equipment?	....	....
• Has the space been cleaned where necessary?	....	....
• Has the space been tested and found safe for entry? (See note 2)	....	....

• Pre-entry atmosphere test readings:

- oxygen ....% vol (21%)* By:

- hydrocarbon ....% LFL (less than 1%)
- toxic gases .... ppm (less than 50% OEL of the specific gas) Time:
(See note 3)

	Yes	No
• Have arrangements been made for frequent atmosphere checks to be made while the space is occupied and after work breaks?	....	....
• Have arrangements been made for the space to be continuously ventilated throughout the period of occupation and during work breaks?	....	....
• Are access and illumination adequate?	....	....

* Note that national requirements may determine the safe atmosphere range.

I:\ASSEMBLY\27\RES\1050.doc

	Yes	No
• Is rescue and resuscitation equipment available for immediate use by the entrance to the space?	"	"
• Has an attendant been designated to be in constant attendance at the entrance to the space?	"	"
• Has the officer of the watch (bridge, engine-room, cargo control room) been advised of the planned entry?	"	"
• Has a system of communication between all parties been tested and emergency signals agreed?	"	"
• Are emergency and evacuation procedures established and understood by all personnel involved with the enclosed space entry?	"	"
• Is all equipment used in good working condition and inspected prior to entry?	"	"
• Are personnel properly clothed and equipped?	"	"

SECTION 2 – PRE-ENTRY CHECKS
(To be checked by each person entering the space)

	Yes	No
• I have received instructions or permission from the master or nominated responsible person to enter the enclosed space	"	"
• Section 1 of this permit has been satisfactorily completed by the master or nominated responsible person	"	"
• I have agreed and understand the communication procedures	"	"
• I have agreed upon a reporting interval of .... minutes	"	"
• Emergency and evacuation procedures have been agreed and are understood	"	"
• I am aware that the space must be vacated immediately in the event of ventilation failure or if atmosphere tests show a change from agreed safe criteria	"	"

A 27/Res.1050
Page 12

SECTION 3 – BREATHING APPARATUS AND OTHER EQUIPMENT
(To be checked jointly by the master or nominated responsible person and the person who is to enter the space)

	Yes	No
• Those entering the space are familiar with any breathing apparatus to be used	....	....
• The breathing apparatus has been tested as follows:		
- gauge and capacity of air supply	....	....
- low pressure audible alarm if fitted	....	....
- face mask – under positive pressure and not leaking	....	....
• The means of communication has been tested and emergency signals agreed	....	....
• All personnel entering the space have been provided with rescue harnesses and, where practicable, lifelines	....	....

Signed upon completion of sections 1, 2 and 3 by:

Master or nominated responsible person .... Date .... Time

Attendant .... Date .... Time

Person entering the space... Date .... Time

SECTION 4 – PERSONNEL ENTRY
(To be completed by the responsible person supervising entry)

Names ....

Time in ....   Time out ....

SECTION 5 – COMPLETION OF JOB
(To be completed by the responsible person supervising entry)

• Job completed   Date   Time ....

• Space secured against entry   Date   Time ....

• The officer of the watch has been duly informed   Date   Time..

Signed upon completion of sections 4 and 5 by:

Responsible person supervising entry .... Date .... Time ....

THIS PERMIT IS RENDERED INVALID SHOULD VENTILATION OF THE SPACE STOP OR IF ANY OF THE CONDITIONS NOTED IN THE CHECKLIST CHANGE

I:\ASSEMBLY\27\RES\1050.doc

Notes:

1 The permit should contain a clear indication as to its maximum period of validity.

2 In order to obtain a representative cross-section of the space's atmosphere, samples should be taken from several levels and through as many openings as possible. Ventilation should be stopped for about 10 minutes before the pre-entry atmosphere tests are taken.

3 Tests for specific toxic contaminants, such as benzene or hydrogen sulphide, should be undertaken depending on the nature of the previous contents of the space.

제5장 2017년 HSSC

INTERNATIONAL MARITIME ORGANIZATION

E

ASSEMBLY
30th session
Agenda item 9

A 30/Res.1120
18 December 2017
Original: ENGLISH

Resolution A.1120(30)

Adopted on 6 December 2017
(Agenda item 9)

SURVEY GUIDELINES UNDER THE HARMONIZED SYSTEM OF SURVEY AND CERTIFICATION (HSSC), 2017

HSSC(Harmonized System for Survey and Certificates)는 2017년에 제정된 것으로, 실제 선박들은 이러한 HSCC에 의거하여 PSC 검사가 진행되고 있다.

따라서 HSSC는 PSC의 핵심이기 때문에 잘 숙지하여 출항정지 되는 일이 없도록 주의해야 한다.

HSSC는 의결서 A.1120(30)에 명시된 것인데, 이에 더하여 A.1119(30)는 항만국통제관(PSCO)에 관한 것임에 유념하되, 이 두 가지 의결서는 향후 여러분들이 반드시 습득해야할 것임을 명심하기 바란다.

- 저자 -

1. 개요

1.1 학습 목적

학습목적은, 실제 선박을 검사할 때 적용되는 IMO 규정(일명 HSSC)을 학습하여 선박검사에서 발생 가능한 출항정지, 지적사항 등이 발생하지 않도록 관련 국제규정을 학습하고 이해하기 위한 것이다.

본 내용은 실제 국제항해에 종사하는 모든 사관, 선주, 관련기관 등이 반드시 준수해야할 사항이기 때문에 가능한 영어 원어 그대로의 내용을 이해할 필요가 있다. 가능한 영어 원본 그대로의 내용을 한글과 병행하여 설명하였으니 참고 바란다.

1.2 학습 내용

학습내용은, IMO에서 2017년 12월 6일 채택한 의결서 A.1120(30) - 검사와 인증의 조화로운 시스템에 의거한 검사지침(Survey Guidelines Under the Harmonized System and Certification of Survey and Certification (HSSC), 2019)의 본문 내용에 대한 원본 내용과 번역 내용이다.

1.3 주요 내용

1. HSSC의 제정 목적과 배경
2. HSSC 지침의 구성과 주요한 내용
3. HSSC의 각종 검사 주기와 검사할 내용
4. HSSC의 검사완료 후 조치 사항
5. HSSC의 조항과 용어의 정의
6. HSSC 이전에 발간된 의결서 A.1119(30)의 목적과 배경 및 주요한 내용
7. A.1119(30)에 명시된 중요한 정의

2. HSS의 개요

2.1 HSSC의 배경

HSSC(Harmonized System of Survey and Certification)는 국제항해에 종사하는 선박의 검사(survey)와 인증(certification)을 위한 것이다.

HSSC는 제30차 IMO 회의안건 9의 A30/Res.1120에 관하여 2017년 12월 6일에 채택한 의결서 A.1120(30)에 명시되어 있다. 영문제목은 Survey Guidelines Under the Harmonized System and Certification)으로, 영문 머리글자를 이용하여 간단하게 HSSC라 부른다.

이러한 HSSC는 선박으로부터의 해양오염방지와 통제 및 해양안전에 관한 규정 및 지침과 관련된 IMO 의회의 기능과 협약을 고려함과 동시에 다음과 같은 다양한 관련 내용을 고려하여 채택된 것이다.

1. HSSC에 관한 국제회의가 고려됨
2. SOLAS 협약 : 974년 SOLAS (International Convention for the Safety of Life at Sea, 1974)와 관련된 1988년의 의정서(protocol)
3. LL 협약 : 1966년 로드-라인에 관한 국제협약(International Convention on Load Lines, 1966)에 관련된 1988년 의정서
4. MARPOL 협약 : 1978년 의정서에 의해서 개정된 1973년 선박오염방지를 위한 국제협약(International Convention for the Prevention of Pollution from Ships, 1973; MARPOL)에 HSSC를 도입하기 위해 개정된 의결서 MEPC.39(29) 그리고 MARPOL의 부속서 VI에 HSSC를 도입하기 위하여 개정된 의결서 MEPC.132(53)
5. BWM 협약 : 2004년 선박의 평형 수와 침전물의 통제와 관리를 위한 국제협약(International Convention for the Control and Management of Ships' Ballast Water and Sediments, 2004)에 관한 국제 컨퍼런스
6. IBC 규정 : 위험 화학 물질을 벌크형태로 운송하는 선박의 건조 및 장비에 관한 국제규정(International Code for the Construction and Equipment of Ships Carrying Dangerous Chemicals in Bulk, IBC Code)
7. IGC 규정 : 벌크 형태로 액화가스를 운송하는 선박의 건조 및 장비에

관한 국제규정(International Code for the Construction and Equipment of Ships Carrying Liquefied Gases in Bulk, IGC Code)

8. BCH 규정 : 위험 화학물질을 운송하는 선박의 건조 및 장비에 관한 규정(Code for the Construction and Equipment of Ships Carrying Dangerous Chemicals in Bulk, BCH Code)

2.2 HSSC의 구성

HSSC의 문서는 다음과 같이 구성되어 있다. 모든 내용을 여러분들이 학습하기에는 분량이 너무 많다. 따라서 HSSC의 구성을 우선 숙지한 후, 추후 필요한 내용은 별도로 학습하기 바란다.

또한, 괄호 안의 문자(예, (I), (A) 등)의 의미는 후술하였는바, 숙지하기 바란다.

2.2.1 본문의 구성

일반사항 GENERAL

1. 개요 INTRODUCTION
2. 검사의 종류 TYPES OF SURVEY
3. 지침의 구성과 적용 APPLICATION AND ARRANGEMENT OF THE GUIDELINES
4. 다양한 검사형태의 설명 DESCRIPTION OF THE VARIOUS TYPES OF SURVEY
    - (I) 4.1 초기검사 Initial surveys
    - (A) 4.2 연차검사 Annual surveys
    - (In) 4.3 중간검사 Intermediate surveys
    - (P) 4.4 정기검사 Periodical surveys
    - (R) 4.5 갱신검사 Renewal surveys

- (B) 4.6 화물선 바닥의 외부 점검 Inspections of the outside of the ship's bottom of cargo ships
- (Ad) 4.7 추가검사 Additional surveys
- 4.8 검사의 완료 Completion of surveys

5. 용어와 조항의 해석 AMPLIFICATION OF TERMS AND CONDITIONS

- 5.1 관련 항목의 정의 Definition of related items
- 5.2 5년 미만으로 발급된 증서의 5년 연장 Extending to five years a certificate issued for less than five years
- 5.3 선체 바닥에 대한 외부 점검 사이의 기간연장 Extending the period between inspections of the outside of the ship's bottom
- 5.4 단기(또는 짧은) 항해의 정의 Definition of "short voyage"
- 5.5 특별한 상황의 적용 Application of "special circumstances"
- 5.6 증서의 재검증 Revalidation of certificates
- 5.7 '**모든 5년 주기**' 의 의미 Meaning of "any five-year period"
- 5.8 선박을 다른 국가의 기국으로 이전한 후 요구되는 검사 Surveys required after transfer of the ship to the flag of another State
- 5.9 증서의 유효기간 연장을 위한 권장조건 Recommended conditions for extending the period of validity of a certificate
- 5.10 여객선 바닥의 외부 점검 Inspection of the outside of a passenger ship's bottom
- 5.11 무선설비의 검사 Survey of radio installations
- 5.12 자동식별 시스템의 검사 Survey of the automatic identification system (AIS)
- 5.13 극지에서 운항할 선박들의 검사 Survey for ships intended to operate in polar waters

2.2.2 부속서 1의 구성

HSSC는 본문과는 별도로 총 5개의 부속서로 구성되어 있다. 각 부속서에는 상세한 PSC 수검 내용이 설명되어 있다. 그러나 워낙 내용이 방대하고 상세하여 본 교재에서 모두 수용하기 곤란하다. 본 교재에서는 부속서 1의 일부 내용만 소개하였다. 다른 내용은 추후 필요시 학습하기 바란다.

부속서 1은 1988년에 개정된 1974년 SOLAS 협약에 따른 검사지침(Survey guidelines under the 1974 SOLAS convention)에 관해서 기술되어 있다.

E : E는 장비(Equipments)를 의미하는 것으로, 화물선 안전장비 증서에 관한 검사지침(Guidelines for surveys for the cargo ship safety equipment certificate)의 구성은 다음과 같다.

- EI: 초기검사(Initial surveys)
- EA: 연차검사(Annual surveys)
- EP: 정기검사(Periodical surveys)
- ER: 갱신검사(Renewal surveys)

C : C는 선박의 건조(Construction)를 의미하는 것으로 화물선의 안전한 건조 인증을 위한 검사지침(Guidelines for surveys for the cargo ship safety construction certificate)의 구성은 다음과 같다.

- CI: 구조물의 초기검사(Initial surveys)
- CA: 구조물의 연차검사(Annual surveys)
- CIn: 구조물의 임시검사(Intermediate surveys)
- CR: 구조물의 갱신검사(Renewal surveys)

B : B는 선박의 선저(Bottom)를 의미하는 것으로, 화물선 선저 외부의 점검에 관한 지침(Guidelines for the inspection of the outside of the ship' s bottom of cargo ships)을 나타낸다.

R : R은 무선(Radio) 장치의 분류 문자를 나타낸 것으로, 화물선의 안전한 무선설비 인증에 관한 지침(Guidelines for surveys for the cargo ship safety radio certificate)은 다음과 같이 구성되어 있다.

- RI: 초기검사 Initial surveys
- RP: 정기검사 Periodical surveys
- RR: 갱신검사 Renewal surveys

P : P는 여객선(Passenger)을 의미하는 것으로, 여객선 안전을 위한 증서에 관한 검사지침Guidelines for surveys for the passenger ship safety certificate)은 다음과 같이 구성되어 있다.

- PI: 초기검사(Initial surveys)
- PR: 갱신검사(Renewal surveys)

2.2.3 부속서 2의 구성

부속서 2는 1988년 프로토콜에 의해서 개정된 1966년 로드라인(Load Line, LL)에 따른 지침이 설명되어 있다.

L : L은 로드라인(Load Line)을 의미하는 것으로, 다음과 같이 구성되어 있다.

- LI: 초기검사 Initial surveys
- LA: 연차검사 Annual surveys
- LR: 갱신검사 Renewal surveys

2.2.4 부속서 3의 구성

부속서 3은 MARPOL 협약에 따른 검사지침이 기술되어 있다.

O : O는 기름(Oil)을 의미하는 것으로, 국제유류오염방지 인증에 관한 검사지침(Survey guidelines under the MARPOL convention)에 관한 것으로 다음과 같이 구성되어 있다.

- OI: 초기검사 Initial surveys
- OA: 연차검사 Annual surveys
- OIn: 중간검사 Intermediate surveys

- OR: 갱신검사 Renewal surveys

N : N은 유독성(Noxious)을 의미하는 것으로, 벌크 형태로 유독성 액체물질의 수송을 위한 국제오염방지 증서에 관한 검사지침(Guidelines for the international pollution prevention certificate for the carriage of noxious liquid substances in bulk)은 다음과 같이 구성되어 있다.

- NI: 초기검사 Initial surveys
- NA: 연차검사 Annual surveys
- NIn: 중간검사 Intermediate surveys
- NR: 갱신검사 Renewal surveys

S : S는 하수(Sewage)를 의미하는 것으로, 국제하수오염방지 증서를 위한 검사지침(Guidelines for surveys for the international sewage pollution prevention certificate)은 다음과 같이 구성되어 있다.

- SI: 초기검사 Initial surveys
- SR: 갱신검사 Renewal surveys

A : A는 대기(Air)를 의미하는 것으로, 국제대기오염방지 인증서 및 위험물 기술코드에 관한 검사지침(Guidelines for surveys for the international air pollution prevention certificate and the NOX technical code)은 다음과 같이 구성되어 있다.

- AI: 초기검사 Initial surveys
- AA: 연차검사 Annual surveys
- AIn: 중간검사 Intermediate surveys

2.2.5 부속서 4의 구성

부속서 4는 2004년 선박의 평형 수 및 침전물의 통제와 관리를 위한 국제협약에 따른 검사지침(Survey guidelines under the international convention for the control and management of ship' s ballast water and sediments, 2004)이다.

B : B는 평형 수(Ballast)를 의미하는 것으로, 국제 평형 수 관리에 관한

검사지침(Guidelines for surveys for the international ballast water management certificate)은 다음과 같이 구성되어 있다.

- BI: 초기검사 Initial surveys
- BA: 연차검사 Annual surveys
- BIn: 중간검사 Intermediate surveys
- BR: 갱신검사 Renewal surveys

2.2.6 부속서 5의 구성

부속서 5는 강제 코드에 따른 검사지침(Survey guidelines under mandatory codes)에 관한 내용을 기술하고 있다.

D : D는 위험(Dangerous)을 의미하는 것으로, 벌크 형태의 위험 화학물질에 관한 적합성 인증서와 벌크 형태의 위험 화학물질의 수송에 관한 적합성의 국제 인증서에 관한 검사지침(Guidelines for the international certificate of fitness for the carriage of dangerous chemicals in bulk and the certificate of fitness for the carriage of dangerous chemicals in bulk)의 구성은 다음과 같다.

- DI: 초기검사 Initial surveys
- DA: 연차검사 Annual surveys
- DIn: 중간검사 Intermediate surveys
- DR: 갱신검사 Renewal surveys

G : G는 가스(Gas)를 의미하는 것으로, 벌크 형태의 액화가스 운송에 관한 적합성의 국제 인증서에 관한 검사지침(Guidelines for surveys for the international certificate of fitness for the carriage of liquefied gases in bulk)의 구성은 다음과 같다.

- GI: 초기검사 Initial surveys
- GA: 연차검사 Annual surveys
- GIn: 중간검사 Intermediate surveys

- GR: 갱신검사 Renewal surveys

W : W는 극지 해역(Water)에 관한 것으로, SOLAS 인증서에 추가된 극지 선박 인증서에 관한 검사지침(Guidelines for surveys for the polar ship certificate additional to SOLAS certificates)의 구성은 다음과 같다.

- WI: 초기검사 Initial surveys
- WA: 연차검사 Annual surveys
- WIn: 중간검사 Intermediate surveys
- WP: 정기검사 Periodical surveys
- WR: 갱신검사 Renewal surveys

2.2.7 부록의 구성

아울러 HSSC에는 부속서(Annex) 이후에 다음과 같은 두 가지 부록(Appendix)이 수록되어 있다.

부록 1에는 HSSC에 따른 조사지침에 반영된 의무 장비들에 대한 요약(Summary of amendments to mandatory instruments reflected in the survey guidelines under the HSS)이 수록되어 있다.

부록 2에는 검사 및 인증의 조화 시스템 - 다이어그램 체계(The harmonized system of survey and certificate - diagrammatic arrangement)이 수록되어 있는데, 여기에는 조화 시스템의 검사와 인증을 위한 기간이 그림으로 표시되어 있다.

3. HSS의 특징

3.1 HSSC의 조화성

의결서 A.1120(30)에 명시된 HSSC는 이전 의결서 A.1104(29)에서 채택한 지침을 대체한 것으로, 다음과 같은 규정을 고려한 검사와 인증에 관한 조화로운 시스템이다.

1. 1974년 해상인명안전에 관한 국제협약(International Convention for the Safety of Life at Sea, 1974) (1974 SOLAS 협약 또는 SOLAS 74). 이것은 1988년에 개정된 SOLAS 프로토콜(SOLAS 74/88)에 의해서 수정된 것이다.
2. 1966년 로드라인에 관한 국제협약(International Convention on Load Lines, 1966) (1966 LLC 협약, 또는 LLC 66). 이것은 1988년에 개정된 프로토콜(LLC 66/88)에 의해 수정된 것이다.
3. 1973년 선박으로부터 오염방지를 위한 국제협약(International Convention for the Prevention of Pollution from Ships, 1973). 이것은 1997년 프로토콜(MARPOL)에 의해서 개정된 것이다.
4. 2004년 선박의 평형 수 및 침전물 통제와 관리에 관한 국제협약(International Convention for the Control and Management of Ships' Ballast Water and Sediments, 2004)(BWM 협약).
5. 벌크 형태의 위험 화학물질 운송 선박의 전조와 장비에 관한 국제규정(International Code for the Construction and Equipment of Ships Carrying Dangerous Chemicals in Bulk, IBC Code).
6. 벌크 형태의 액화가스를 운송하는 선박의 건조 및 장비에 대한 국제규정(International Code for the Construction and Equipment of Ships Carrying Liquefied Gases in Bulk, IGC규정).
7. 벌크 형태의 위험 화학물질을 운송하는 선박의 건조와 장비에 관한 규정(Code for the Construction and Equipment of Ships Carrying Dangerous Chemicals in Bulk, BCH Code)
8. 극지방에서 운항하는 선박에 대한 국제규정(International Code for Ships

Operating in Polar Waters, Polar Code).

3.2 환경을 고려한 HSSC

HSSC는 평형 수 관리에 관한 BWM 협약, 극지 규정 및 2017년 12월 31일 이전에 시행된 다른 개정사항(부록 1 참조)을 고려한 것이고, 다음과 같은 내용을 포함한다.

1. 1988년 의정서에 의해 개정된 1974년 SOLAS에 따른 조사지침(부속서 1)
2. 1988년 의정서에 의해 개정된 1966년 LL협약에 따른 조사지침(부속서 2)
3. MARPOL 협약에 따른 조사지침(부속서 3)
4. 2004년 선박 평형 수 및 침전물의 통제와 관리를 위한 국제협약(BWM Convention)에 따른 조사 지침(부속서 4)
5. 필수 코드에 따른 조사지침(부속서 5)

3.3 유연한 검사주기를 제공하는 HSSC

HSSC에 관련된 검사주기는 부록 2에 나타냈고, HSSC는 다음과 같은 내용에 관해서 기술되어 있다.

1. 조화로운 시스템을 위하여, 적절한 경우, 초기검사, 연차검사, 중간검사, 정기검사, 갱신검사 등에 기초하여 검사들 사이의 표준간격은 1년으로 주었다. 여기서, 초기검사와 갱신검사에 기초한 MARPOL 부속서(annex) Ⅳ는 제외하였다.
2. 각 검사를 실행하는데 필요한 시간적 유연성을 제공하기 위한 계획에 관한 규정은 다음과 같다.
   ① 갱신검사는 기존 인증서의 유효기간 손실 없이 기존 인증서의 만료일 3개월 이내에 완료하도록 하였다.
   ② 연차검사, 중간검사, 정기검사에 대한 인증서의 기념일(*) 이후의 3개월 이전부터 3개월 이후까지의 6개월간의 여유 시간대(time window)를 부여하였다. *기념일(anniversary date)은 각종 자격이 발

행되거나 검사가 완료된 날짜를 의미한다.

3. 각 모든 화물선 인증서에 관해서 최대 5년의 유효기간을 부여하였다.
4. 여객선 안전 인증서에 관해서 최대 12개월의 유효기간을 부여하였다.
5. 선박이 항해를 완료할 수 있도록 인증서 연장은 3개월로 한정하였고, **'<u>단기항해 (또는 짧은 항해)</u>'** 에 종사하는 선박은 인증서 연장을 1개월로 하였다.
6. 신규 인증서의 유효기간 시작은, 유효기간 연장이 허가된 경우, 기존 인증서의 만료 일자부터 시작된다.
7. 선저 외관 점검에 관해서는 유연한 시스템의 제공을 위하여 다음과 같은 조건에 대한 선저 외관 점검을 실시한다.
   ① 화물선안전건조 인증서 또는 화물선안전 인증서의 유효기간 5년 동안 최소 2회의 검사를 실시해야 한다.
   ② 이러한 2회의 검사 사이의 간격은 36개월을 초과해서는 안 된다.
8. SOLAS 74/88에 따른 화물선안전 인증서는 화물선안전건조, 화물선안전장비 그리고 화물선안전무선 인증서의 대안으로 작용할 수 있다.
9. 인증서의 검사 주기와 유효기간은, 현재 유지되고 있는 최소 패턴을 고려하여 유연하게 결정할 수 있다.

3.4 SOLAS 변경의 고려

조화로운 시스템을 구현함에 있어, 다음과 같은 SOLAS 74/88의 조사 및 인증서 요건에 대한 주요 변경이 고려되었다.

1. 화물선의 경우, 예정되지 않은 검사는 더 이상 포함되지 않고, 연차검사는 의무화된다.
2. 화물선안전장비 인증서에 의해서 정해진 장비의 정기검사 간격은 2년이 아니라 2년과 3년이 번갈아 발생된다.
3. 화물선안전건조 인증서에 의거하여 모든 선박은 중간검사가 필요하다.
4. 모든 화물선은 선저 외관 점검이 필요하다.

5. 화물선안전건조 인증서에 관한 중간검사는 제2차 또는 제3차 기념일로부터 3개월 이내에 실시된다.

6. 모든 화물선 인증서는 모든 5년의 유효기간 동안 발급될 수 있다.

7. 화물선안전 인증서에 대한 규정이 있다.

8. 선박이 항해를 완료할 수 있도록 유효기간 연장 조항을 5개월에서 3개월로 줄였고, 유예기간 1개월의 연장은 짧은 항해를 하는 선박에 한정하였다.

3.5 LLC의 고려

로드-라인 협약(LLC) 66/88과 관련하여, 검사와 인증서에 관한 요구사항의 주요한 변경 내용은 다음과 같이, 새로운 인증서의 유효기간을 이전 인증서의 만료일과 연결시키고, 유사한 연장조항을 도입한 것이다.

MARPOL과 IBC, IGC, BCH 코드의 경우 주요한 변경은 다음과 같이, 새로운 인증서의 유효기간을 이전 인증서의 만료일과 연결시키고, 제2차 또는 제3차 기념일의 3개월 이내에 중간조사를 실시하고, 동일한 연장 규정을 도입한 것이다.

3.6 검사의 종류

HSSC에서 사용된 선박검사의 종류는 다음과 같다. 괄호() 안의 문자에 주목하기 바란다.

1. (I) 초기검사(Intial survey)는, 선박이 특정 인증서와 관련된 모든 항목에 대한 서비스에 투입되기 이전에 행하는 완료 점검(inspection)이다. 이 검사는 선박이 취항하기 전에 관련 요건을 준수하고, 이들 항목들이 선박이 의도한 서비스에 만족하는지 확인하기 위한 것이다.

2. (P) 정기검사(Periodical survey)는, 특정 인증서와 관련된 항목들의 검사이다. 이 검사는 해당 항목이 선박이 의도한 서비스에 만족하고 적합한지를 확인하기 위한 것이다.

3. (R) 갱신검사(Renewal survey)는 정기검사와 동일하지만 새로운 인증서

의 발행을 위한 것이기도 하다.

4. (In) 중간검사(Intermediate survey)는 특정 인증서와 관련된 특정 항목들에 대한 검사이다. 이 검사는 선박이 의도한 서비스에 적합하고 만족한 상태인지를 확인하기 위한 것이다.

5. (A) 연차검사(Annual survey)는 특정 인증서와 관련된 항목들의 일반적인 검사이다. 이 검사는 선박이 의도한 서비스를 유지하고 만족하는지를 확인하기 위한 것이다.

6. (B) 선저의 외부 점검(Inspection of the outside of the ship's Bottom)은 선박의 수면 아래 부분과 이에 관련된 해당 항목들을 검사하는 것이다. 이 점검은 선박이 의도한 서비스에 적합한지와 만족스러운 상태인지를 확인하기 위한 것이다.

7. (Ad) 추가검사(Additional survey)는 상황에 따라서 일반적 또는 부분적으로 이루어지는 검사이다. 이 검사는 조사(investigation) 또는 중요한 수리 또는 갱신이 이루어진 후에 이루어진다.

협약(convention)과 규정 또는 코드(code)에 따른 검사종류의 목록은 다음과 같다.

- (I) 초기검사 : SOLAS 74/88, LLC 66/88, MARPOL 부속서, BWM 협약, IBC Code, IGC Code, BCH Code 규정
- (P) 정기검사 : SOLAS 74/88 및 해당 규정
- (R) 갱신검사 : SOLAS 74/88, LLC 66/88, MARPOL 부속서, BWM 협약, IBC Code, IGC Code, BCH Code
- (In) 중간검사 : SOLAS 74/88, MARPOL 부속서, BWM 협약, IBC Code, IGC Code, BCH Code
- (A) 연차검사 : SOLAS 74/88, LLC 66/88, MARPOL 부속서, BWM 협약, IBC Code, IGC Code, BCH Code
- (B) 선체 바닥의 외부 점검 : SOLAS 74/88
- (Ad) 추가검사 : SOLAS 74/88, MARPOL 부속서, BWM 협약, IBC Code, IGC Code, BCH Code

3.7 지침의 적용과 실행

본 지침의 적용과 실행에 있어서는 다음 사항에 유의해야 한다.

1. 본 지침은, 행정기관이 조사를 수행할 수 있는 준비가 되어 있는 경우에 해당되는 일반적인 프레임워크를 제공하기 위한 것이다. 이 지침에 포함되어 있는 검사 내용은 모든 유형과 크기의 선박에 적용되는 것이 아님을 인식하고 있어야 한다.
2. 또한 본 지침은 MARPOL에서 다루는 유전발굴시설(drilling rig)과 다른 플랫폼에 적용할 수 있는 장비들을 취급하기 위한 것이기도 하다.
3. 본 지침에 기술한 다양한 검사 종류의 설명에는 각 인증서에 관한 다양한 검사의 상세한 요구사항이 별도 부속서로 설명되어 있으니, 그 내용을 따르기 바란다.
4. 다양한 검사에 요구되는 특정 선박에 대한 상세한 사항은, 적용이 가능하다면, 모든 화물선에 적용할 수 있다.
5. 협약 또는 코드에 관한 참고문헌이 포함되어 있는 경우, 가능한 경우 이 참고문헌을 참고하기 바란다. 특히, 선박 건조 연도에 따라서 다른 규정이 적용될 수 있으니 주의하기 바란다.
6. 화물선 안전건조 인증서에 요구되는 일부분이지만, 선저의 외부 점검에 관한 규정은 별도의 섹션(section)으로 준비되어 있다.
7. SOLAS 74/88 규정 I/12(v)는 화물선안전인증서(Cargo Ship Safety Certificate)의 발행을 위한 것인데, 이것은 화물선안전장비인증서(Cargo Ship Safety Equipment Certificate), 화물선안전건조인증서(Cargo Ship Safety Construction Certificate) 및 화물선안전무선인증서(Cargo Ship Safety Radio Certificate) 등의 대안으로 발급된다. 따라서 화물선안전인증서의 발급 및 갱신에 대한 검사는 대체되는 인증서에 따라야 하며, 마찬가지로 연간 및 중간 검사 역시 대체된 인증서와 이에 따라 서명된 화물선안전인증서의 해당 섹션에 요구되는 것과 같아야 한다.

그리고 검사할 각 항목의 왼쪽에는 괄호 안에 2개의 문자가 있는데, 첫 번째 문자는 다음과 같이 검사와 관련된 인증서를 나타낸다.

- (E) 화물선안전장비인증서 Cargo Ship Safety Equipment Certificate

- (C) 화물선안전건조인증서 Cargo Ship Safety Construction Certificate
- (R) 화물선안전무선인증서 Cargo Ship Safety Radio Certificate
- (L) 국제적재라인인증서 International Load Line Certificate
- (O) 국제기름요염방지인증서 International Oil Pollution Prevention Certificate
- (N) 벌크 형태의 유해액체물질 운송을 위한 국제오염방지인증서 International Pollution Prevention Certificate for Carriage of Noxious Liquid Substances in Bulk
- (S) 국제하수오염방지인증서 International Sewage Pollution Prevention Certificate
- (A) 국제대기오염방지인증서 International Air Pollution Prevention Certificate
- (D) 벌크 형태의 위험 화학물질 운송의 적합성인증서 또는 벌크 형태의 위험 화학물질 운송의 적합성에 관한 국제인증서 International Certificate of Fitness for the Carriage of Dangerous Chemicals in Bulk or the Certificate of Fitness for the Carriage of Dangerous Chemicals in Bulk
- (G) 벌크 형태의 액화가스 운송의 적합성의 국제인증서 International Certificate of Fitness for the Carriage of Liquefied Gases in Bulk
- (P) 여객선안전인증서 Passenger Ship Safety Certificate
- (W) 극지방 선박인증서 Polar Ship Certificate
- (B) 국제 평형 수 관리 인증서 International Ballast Water Management Certificate

아울러, 두 번째 문자는 다음과 같은 검사 종류를 나타낸다.

- (I) 초기검사
- (A) 연차검사
- (In) 중간검사

- (P) 정기검사
- (R) 갱신검사
- (B) 선저의 외부 점검
- (Ad) 추가검사

따라서 (EI)은 화물선안전장비 인증서의 초기검사를 나타내고, (OIn)는 국제유류오염방지 인증서의 중간검사를 나타내며, (PR)은 여객선안전 인증서의 갱신검사를 나타낸다.

본 지침의 적용에 있어, 검사에 필요한 용어의 정의는 다음과 같다.

① 실사(Examining) : 본 교재에서는 이를 실제로 검사한다는 의미에서 실사로 칭한다. 실사는 계획의 실사(examining the plans) 또는 설계의 실사(examining the design) 등을 제외하고, 적절한 기술의 사용, 해당 구성품의 사용, 만족스러운 제공이 의심스러운 시스템 또는 기구의 사용, 결함의 징후가 보이는 모든 신호, 열화 또는 손상의 징후 등의 실사로 이해해야 한다. 이 실사의 범위는 검사의 종류(예: 초기, 연간, 갱신)와 선박 및 선박 장비의 실제 유지보수 조건 등을 고려하여 검사관이 적용해야 한다.

② 테스트(test) : 의심스러운 시스템 또는 장비나 기구 등의 기능을 테스트하는 것으로, 이 테스트는 선박이 의도된 작동과 성능을 만족하는지를 확약하기 위한 것이다.

4. 검사 형태의 설명

4.1 초기검사(I)

(주기)

초기검사는 관련 규정의 요구사항에 따라서 선박이 취항하기 이전에 실시되어야 하거나, 기존 선박에 새로운 장치의 설치 또는 처음으로 적절한 인증서가 발급되는 경우 실시한다.

(일반사항)

초기검사에는 구조, 기계 및 장비에 대한 전체검사가 포함되어야 한다. 이것은 구조, 기계 및 장비가 특정 인증서와 관련된 요건을 준수하고 선박이 의도한 서비스에 적합한지를 확인하기 위한 것이다. 아울러, 초기검사에는 다음이 포함된다.

1. 구조, 기계 및 장비가 특정 인증서와 관련된 요건을 준수하는지 확인하기 위한 계획, 도표, 규격, 계산 및 기타 기술문서 등의 검사
2. 재료, 스칸틀링(scantling), 건조 및 배치를 확인하기 위한 구조, 기계, 장비 등의 검사가 포함된다. 가능하다면, 승인된 계획, 도표, 사양, 계산 및 기타 기술문서에 따라서 검사한다.
3. 특정 인증서와 관련된 요건에 명시된 모든 인증서와 기록장부, 작동설명서 및 기타 안내서 및 문서가 선박에 실려 있는지 확인한다.

아울러, 초기검사 신청서에는 다음 내용과 함께 부속서 1의 해당 내용에 명시된 계획 및 설계가 수반되어야 한다.

1. 선박의 세부사항
2. 모든 면제사항
3. 모든 특별한 조건

4.2 연차검사(A)

(주기)

연차검사에서 요구되는 주기는 부록 2를 참고한다. 연차검사는 증명서의 각 제1차 기념일(anniversary date: 이 용어는 선박 건조일자, 인증서 발급일자 등을 의미함) 전후 3개월 이내에 수행한다.

(일반사항)

연차검사를 통해 행정기관은 선박과 기계 및 장비가 관련 규정에 따라 유지되고 있는지 확인할 수 있어야 한다. 일반적으로 연차검사의 범위는 다음과 같아야 한다.

1. 이 범위는, 인증서 시험, 선박 및 장비가 충분한 범위에 있는지에 대한 육안 점검, 그리고 이들의 상태가 적절하게 유지되고 있는지 확인하기 위한 특정시험으로 구성되어야 한다.
2. 또한, 선박과 장비에 승인되지 않은 변경이 이루어지지 않았는지 확인하기 위한 육안 검사가 포함된다.
3. 각 연차검사의 내용은 각 지침에 명시되어 있는데, 검사의 철저성 및 엄격성은 선박과 장비 상태에 따라 달라져야 한다.
4. 선박 또는 장비 상태의 유지에 어떠한 의심이 발생하면, 필요에 따라서 추가검사 및 테스트를 수행해야 한다.

아울러, 연차검사를 기한 내에 실시하지 않은 경우에는 후술한 '인증서 재검증(Revalidation of certificates)'을 참고하여 수행한다.

4.3 중간검사(In)

(주기)

중간검사의 주기는 부록 2의 주기를 참고한다. 중간검사는 제2차 기념일 전후의 3개월 이내에 수행하거나 또는 해당 증명서의 제3차 기념일 전후 3개월 이내 실시하고 연차검사 중 하나를 대신해야 한다.

(일반사항)

1. 중간검사는 특정 인증서와 관련된 항목들의 검사이다.

2. 중간검사의 목적은 이들 항목들이 만족스러운 상태에 있고, 선박이 의도하는 서비스에 적합한지를 확인하기 위한 것이다.

3. 상세한 시험을 위해서 선체 및 기계 항목들을 특정할 때는 선급에 의해서 적용할 수도 있는 모든 연속된 검사계획 기간을 고려해야 한다.

아울러, 중간검사를 기한 내에 실시하지 않은 경우, 후술한 '인증서 재검증(Revalidation of certificates)' 을 참고하여 수행한다.

4.4 정기검사(P)

(주기)

정기검사의 주기는 부록 2의 주기표에 나타낸 것과 관련 규정에 요구하는 바에 따라서 다음과 같이 실시한다.

1. 화물선안전장비인증서의 경우는, 1) 제2차 기념일 전후의 3개월 이내 또는, 2) 제3차 기념일 전후 3개월 이내에 실시되어야 하며, 3) 연차검사 중 하나를 대신해야 한다.

2. 화물선안전무선인증서의 경우는 각 기념일 전후 3개월 이내에 수행되어야 한다.

(일반사항)

1. 정기검사는, 장비 테스트가 필요한 경우 장비점검이 포함되어야 한다. 이 장비점검은, 장비가 특정 인증서와 관련된 규정을 준수하고 선박이 의도한 서비스에 적합한지 그리고 만족하는 상태에 있는지를 확인하기 위한 것이다.

2. 또한, 정기검사에는, 특정 인증서와 관련된 요건에 명시된 모든 증명서, 기록 장부, 작동 매뉴얼 및 다른 지침서 등이 선박에 실려 있는지의 확인사항이 포함되어야 한다.

아울러, 기한 내에 정기검사를 실시하지 않은 경우, 후술한 '인증서 재검증(Revalidation of certificates)' 을 참고하여 수행한다.

4.5 갱신검사(R)

(주기)

갱신검사는 부록 2의 주기표에 나타낸 것에 따라서 그리고 관련된 규정에서 요구하는 바에 따라서 해당 인증서가 갱신되기 전에 실시되어야 한다.

화물선안전건조 갱신검사는 제4차 연차검사에서 시작할 수 있고, 제5차 기념일까지 완료를 목표로 다음 연도 중에 진행할 수 있다. 제4차 연차검사의 조사항목들은 갱신검사의 완료를 인정해서는 안 된다.

(일반사항)

1. 갱신검사는, 구조, 기계 및 장비 등에 대한 테스트가 필요한 경우, 이들이 점검목록에 포함되어야 한다. 이러한 장비점검은, 장비가 특정 인증서와 관련된 규정을 준수하고 선박이 의도한 서비스에 적합한지 그리고 만족하는 상태에 있는지를 확인하기 위한 것이다.
2. 또한, 갱신검사에는, 특정 인증서와 관련된 요건에 명시된 모든 증명서, 기록 장부, 작동 매뉴얼 및 다른 지침서 등이 선박에 실려 있는지 등의 확인사항이 포함되어야 한다.
3. 선박 내의 공간 검사를 위한 중간 및 갱신 양쪽의 안전건조 검사를 동시에 신뢰하는 것은 허용되지 않아야 한다. 즉, 공간 검사의 중간검사와 갱신검사는 별도로 시행되어함을 의미한다.

4.6 화물선 선저 외부의 점검(B)

(주기)

화물선 선저의 외관 점검은 SOLAS 74/88 규정 I/14(e) 또는 (f)가 적용되는 경우를 제외하고, 매 5년 주기 동안 최소한 2회의 검사가 수행되어야 한다. 이러한 검사 중 하나는 화물선안전건조증명서 또는 화물선안전증명서의 갱신과 관련된 제4차 연차검사 당시 또는 이후에 실시되어야 한다.

여기서, SOLAS 74/88 규정 I/14(e) 또는 (f)에 따라서 화물선안전건조증명서 또는 화물선안전증명서 등이 연장된 경우에는 인증서의 유효성과 일치되도록 이러한 5년의 주기는 연장될 수 있다. 그러나 모든 경우에 이러한 **모든 2회의 검사 사이의 간격은 36개월을 초과해서는 안 된다**.

(일반 사항)

1. 선저의 외관 점검 및 이와 관련된 항목들의 검사에는, 선박이 의도한 서비스에 적합한지 및 만족스러운 상태인지 등을 확인하기 위한 점검을 포함해야 한다. 이러한 점검에는 '점검의 향상된 프로그램(enhanced programme of inspections(MSC.1/Circ.123)' 의 적용을 받지 않는 '드라이 도크(dry dock)에서의 검사에 관한 사전계획 지침(Guidelines for pre-planning of surveys in dry dock)' 을 참조한다.

2. 선저외관 점검은 통상적으로 드라이-도크에서 실시해야 한다. 그러나 이를 대체하여 선박이 부유된 상태에서 이러한 점검을 고려할 수 있는데 다음을 고려해야 한다.

   - 벌크선 및 유조선 이외의 **선령 15년 이상 선박**은, 선박이 부유된 상태에서의 점검을 허용하기 이전에 특별히 고려해야 한다.
   - 선**령 15년 이상 벌크선 및 유조선**의 선저외관검사는 드라이-도크에서 점검을 실시해야 한다.
   - 선박 부유 상태에서의 점검은, 조건이 만족스럽고 적절한 장비와 적합하게 훈련된 직원이 있을 때만 수행해야 한다.
   - 강화된 점검대상이 되는 선박의 경우는, 부속서 A 또는 B의 해당 조항(2.2.2)을 적용해야 하는데, 이 조항은 의결서 A.1049(27)에 의해 채택된 2011년 '산적 운송과 유조선의 검사 중 점검의 강화된 프로그램에 관한 국제규정(International Code on the Enhanced Programme of Inspections during Surveys of Bulk Carriers and Oil Tankers, 2011)' (2011 ESP 코드)에 관한 것이다.

3. 아울러, 부속서 A 또는 B의 2.2.2 조항의 내용은 다음과 같다.

- 1) 선령 15년 이상 선박의 경우는 드라이-도크에서 선저외관 점검을 실시해야 한다.
- 2) 선령 15년 미만 선박의 경우는 갱신검사와 연계하여 실시하지 않은 선체 바닥의 대체 점검을 선박이 부유한 상태에서 실시할 수 있다.
- 3) 선박 부유 상태에서의 점검은 조건이 만족스럽고 적절한 장비와 적

합한 자격을 갖춘 직원이 있을 때에만 실시할 수 있다.

아울러, 유효기간 이전에 수행하지 않은 선저점검은 '인증서 재검증(Revalidation of certificates)'을 참고하여 수행한다.

4.7 추가검사(Ad)

추가검사(Ad)는 특수한 경우에 실시하는 조사이다.

선박에 사고가 발생하거나 또는, 선박의 안전성과 무결성 또는 이들 장비의 효율성 또는 완전성 등에 영향을 미치는 결함이 발견될 때마다, 선장 또는 선주는 가능한 속히 행정기관, 지명된 조사관 또는 해당 증명서를 발급한 책임이 있는 것으로 인정된 기관 등에 보고해야 한다.

아울러, 필요하다면, 행정기관, 해당 인증서를 발급할 책임이 있는 지명된 조사관 또는 인정된 기관 등은 특정 인증서에 적용되는 규정에서 요구하는 바에 따라서 검사가 필요한지의 여부를 결정하기 위한 조사(investigation)를 시작해야 한다.

이러한 추가검사는 상황에 따라서 일반적이거나 부분적일 수 있는데, 수리 및 모든 갱신이 효과적으로 이루어졌으며 선박과 장비가 선박이 의도한 서비스에 계속하여 적합한지를 보장해야 한다.

5. 검사의 완료

5.1 일반사항

(일반사항)

검사의 완료는 검사가 종료되었음을 관계기관에 통보하는 것이다. 여기에는 다음과 같은 예외 조항이 있다.

1. 만약, 조사에서 다음의 사항이 발견 경우에는, 행정기관 또는 지명된 조사관 또는 공인된 조직은 다음의 각종 규정에서 요구되는 사항을 따라야 한다. 발견된 사항은 다음과 같다.

- 선박 또는 장비가 인증서의 세부사항과 실질적으로 일치하지 않거나,
- 또는, 선박 또는 승선한 사람에 대해서 위험 없이 항해하는 것이 적합하지 않거나,
- 또는 환경을 저해하는 위협 없이 항해하는 것이 적합하지 않을 때

위에 대해서 적용할 수 있는 규정은 다음과 같다. SOLAS 74/88 규정 I/6(c), MARPOL 부속서 I 규정 6.3.3, MARPOL 부속서 II 규정 8.2.5, MARPOL 부속서 IV 규정 4.5, MARPOL 부속서 VI 규정 5.3.3, IBC 코드 규정 1.5.1.4.

2. BWM 협약의 경우는 검사한 결과 다음과 같은 사항이 발견된 경우 조사관은 E-16 규정에 따라야 한다. 발견된 사항은 다음과 같다.

- 선박의 평형 수 관리가 규정 E-2 또는 E-3에서 요구되는 인증서의 세부사항을 준수하지 않거나,
- 또는, 선박이 환경, 인체 건강, 재산 또는 자원 등에 대해서 위해 없이 항해하는 것이 적합하지 않은 경우

3. 이러한 사항들은 즉시 시정조치를 취할 것을 요구하고, 정해진 기간에 행정기관에 통보해야 된다.

4. 시정조치가 추해지지 않은 경우에는 해당 증명서는 철회하고 즉시 행정기관에 통보해야 한다. 만약, 선박이 다른 국가의 항만에 있는 경우, 그 항만 당국의 행정기관에도 즉시 통지해야 한다.

5.2 극지해역의 경우

(극지해역의 경우)

선박이 극지해역에서 항해하는 경우, 비록 극지 코드(Polar Code)에는 구체적인 요건이 포함되어 있지 않지만, 그럼에도 불구하고 다음 사항이 검사에서 발견된 경우, 행정기관의 공무원, 지명된 검사관 또는 인정된 조직은 HSSC 4.8.1에 의거하여 지침을 받아야 한다.

- 선박 또는 그들 장비가 극지선박증명서(Polar Ship Certificate)의 세부사항과 실질적으로 일치하지 않아서 극지방에서 운항하기에 적합하지 않거나,
- 또는, 선박 또는 승선한 사람에 대한 위험 없이 극지방에서 운항하기에 적합하지 않거나,
- 또는, 환경에 대한 부당한 위해의 위협 없이 극지방에서 운항하기에 적합하지 않을 때

아울러, 극지선박인증서의 유효성은 다른 인증서의 유효성에 영향을 미치지 않는다.

5.3 로드-라인

비록, LLC 66/88에는 특정 요건이 포함되어 있지 않지만, 그럼에도 불구하고, 만약 로드-라인 검사 결과 다음의 사항이 발견된 경우, 행정기관의 공무원, 지명된 검사관 또는 인정된 조직은 HSSC 4.8.1의 지침을 받아야 한다. 발견된 사항은 다음과 같다.

- 선박 또는 이들 장비 상태가 인증서의 세부사항과 실질적으로 일치하지 않거나,
- 또는, 선박 또는 승선한 사람에 대한 위험이나 또는 환경에 대해서 불합리한 위험의 위협 없이 항해하는 것이 적합하지 않은 경우

만약, 조사 결과, 선박과 이들 장비의 상태가 증명서의 세부사항과 실질적으로 일치하고, 선박 또는 승선한 사람에 대해서 위험 없이, 그리고 환경에 대한 부당한 위해의 위협 없이 항해하는 것이 적합하다고 판단은 되었

으나, 조사 기간 중에 시정할 수 없는 결함이 존재한다면, 다음과 같은 지침을 선박에 주어야 한다.

1. 조건부로 증명서를 발행하는데, 이 조건에는 모든 관련된 요구사항 또는 조건을 상세히 나타내고, 이에 더하여 결함의 시정에 필요한 시간에 대한 유효기간을 지정해야 하며, 관련된 정보는 선내에 비치되어야 한다. 만약 행정기관에서 요구하는 경우, 관련된 증명서에는 적절한 만료일이 표시되어 발행되어야 한다.

2. 이러한 내용은, 적합하다면, 행정기관에 통보되어야 하는데, 검사관 또는 인정된 기관과의 계약에 따라서 행한다.

6. 용어와 관련 항목의 해석

참고: SOLAS 74/88 규정 I/10(b)(v) Reference: SOLAS 74/88 regulation I/10(b)(v)

관련 항목이란, 선박이 드라이-도크에 있거나 선저 외관을 수중에서 실사하는 경우에만 검사될 수 있는 항목을 의미한다.

유조선, 화학탱커, 가스운반선의 경우 관련된 항목의 예를 들면, 청소하고 가스를 제거하여 선박을 특별히 준비해야 함을 의미할 수 있는데, 준비 후에는 부속서 1의 (CIN) 2.3.2 및 (CIN) 2.3.3에서 명시한 화물탱크 내부 심사와 같은 항목들의 조사가 동시에 실시될 수 있다.

6.1 5년 미만 발급 인증서의 연장

참조문헌: SOLAS 74/88 규정 I/14(c), LLC 66/88 조항 19(3), MARPOL 부속서 I 규정 10.3, MARPOL 부속서 II 규정 10.3, MARPOL 부속서 IV 규정 8.3, MARPOL 부속서 VI 규정 9.3, BWM 협약 규정 1.4.6.3, BCH 코드 1.6.6.3, 극지 코드의 파트 I-A/규정 1.3.6.

인증서가 5년 미만의 기간 동안으로 발급된 경우, 최대 유효기간을 5년으로 연장할 수 있는데 그 내용은 다음과 같다.

유효기간이 5년인 인증서에 대한 조사 패턴이 유지된다면 이 규정 또는 조항에 따라서 유효기간을 최대 5년으로 연장할 수 있다(부록 2 참조). 이러한 경우에 대한 예를 들면,

1. 2년짜리 화물선안전장비 인증서를 5년으로 연장해 달라는 요청이 있을 경우, SOLAS 74/88 규정 I/8에 설명되어 있는 정기조사와 2회의 연차검사가 요구될 수 있다.
2. 또한, 예를 들면, 4년짜리 화물선안전건조 증명서를 5년으로 연장하려는 경우, SOLAS 74/88 규정 I/10에 설명된 바와 같이 추가로 연차검사가 필요할 수 있다.

인증서의 유효기간이 위의 두 가지 예와 같이 확정된 경우에는, 다음과 같은 규정들에 의한 유효기간 역시 여전히 연장된 것으로 볼 수 있다.

즉, SOLAS 74/88 규정 I/14(e) 및 (f), LLC 66/88 조항 19(5) 및 (6) MARPOL 부속서 I 규정 10.5 및 10.6, MARPOL 부속서 II 규정 10.5 및 10.6, MARPOL 부속서 IV 규정 8.5와 8.6, MARPOL 부속서 VI 규정 9.5와 9.6, BWM 협약 규정 E-5.2.2, IBC 코드 규정 1.5.6.5과 1.5.6.6, IGC 코드 규정 1.4.6.5과 1.4.6.6, BCH 코드 규정 1.6.6.5과 1.6.6.6.

그리고 추가 검사가 요구되지 않을 수도 있을 때, 신규 인증서는 기존 인증서의 5년 만료 일자로부터 지정된 갱신검사 이후에 발급된다.

이러한 신규 인증서는 다음과 같은 관련 규정들에 따르는 것이다. 즉, SOLAS 74/88 규정 I/14(b)(ii), LLC 66/88 조항 19(2)(b), MARPOL 부속서 I 규정 10.2.2, MARPOL 부속서 II 규정 10.2.2, MARPOL 부속서 IV 규정 8.2, MARPOL 부속서 VI 규정 9.2, BWM 협약 규정 E-5.3, IBC 코드 규정 1.5.6.2.2, IGC 코드 규정 1.4.6.2.2, BCH 코드 규정 1.6.6.2.2, 극지 코드 파트 I-A/규정 1.3.6.

6.2 선저 외관 점검 사이의 기간 연장

참조문헌: SOLAS 74/88 규정 I/10(a)(v)

위의 규정에 의거하여 5년의 선저 외관 검사의 기간은 연장될 수 있는데, SOLAS 74/88 규정 I/14(e)와 (f)에 따라서 화물선안전건조 증명서를 연장할 때, 5년의 기간에서 선저 외관에 대한 2차례 검사의 실시는 연장될 수 있다. 그러나 2회의 검사 사이의 36개월의 기간은 어떠한 연장도 허용되지 않는다.

만약, 제1회의 선저 검사를 24개월에서 27개월 사이에 실시할 경우 36개월의 제한으로 인해서 인증서는 규정 I/14(e) 및 (f)에서 허용된 기간만큼 연장되지 못하게 할 수 있다.

6.3 단기 항해의 정의

참조문헌: SOLAS 74/88 규정 I/14(f), LLC 66/88 조항 19(6), MARPOL 부록 I규정 10.6, MARPOL 부속서 II 규정 10.6, MARPOL 부속서 IV 규정 8.6, MARPOL 부속서 VI 규정 9.6, BWM 협약 규정 E-5.3, IBC 코드 규정

1.5.6.6, IGC 규정 1.4.6.6, BCH 규정 1.6.6, 극성 규정 파트 I-A/규정 1.3.6.

단기항해 또는 짧은 항해(short voyage)란, 위의 규정 또는 조항의 목적상, 1) 항해가 시작되는 항만으로부터 최종 목적지 항만까지의 거리 또는, 2) 다시 돌아오는 항해가 1,000마일을 초과하지 않는 항해를 의미한다.

6.4 특별한 상황의 적용

참조문헌: SOLAS 74/88 규정 I/14(g), LLC 66/88 조항 19(7), MARPOL 부록 I 규정 10.7, MARPOL 부속서 II 규정 10.7, MARPOL 부속서 IV 규정 8.7, MARPOL 부록 VI 규정 9.7, BWM 협약 규정 E-5.7, IBC 코드 규정 1.5.6.7, IGC 규정 1.4.6.7, BCH 규정 1.6.6.7 및 극지 코드 파트 I-A/규정 1.3.6.

특별한 상황(special circumstances)은 위의 참조문헌에 명시된 것을 의미한다. 위의 규정 또는 조항의 목적은, '기존 인증서의 만료 이후에 완료된 갱신조사에 따라서 발급된 인증서는, 기존 인증서의 만료일자로부터 날짜가 정해진다.' 는 요구사항을 행정기관이 면제할 수 있도록 허용하기 위한 것이다.

이러한 특별한 상황은 선박이 대형 수리 또는 개조 등으로 인해서 상당한 기간 동안 선박이 인양되어 있거나 운항 서비스가 중단된 경우이다. 만약, 선박이 지속하여 운행되었다면 갱신검사는 광범위할 것이지만, 운항이 중단된 경우라면 사정은 다를 것이다.

그래서 행정기관은, 선박운행이 중단된 기간과 이 기간 동안 선체와 기계 보호를 위한 조치 등을 고려하여 추가 검사 또는 점검이 필요한지 여부를 검토해야 한다.

여기서, 이러한 규정이 적용되는 경우, SOLAS 74/88 규정 I/10(a)(v)의 지속적인 적용을 위하여 화물선에 대한 모든 특별한 요건이 포함될 필요가 없는 경우, 갱신검사와 동시에 선저외관 점검을 고려하는 것이 타당할 것이다. 왜냐하면 선박이 육상에 인양되어 있기 때문이다.

6.5 인증서의 재검증

참조문헌: SOLAS 74/88 규정 I/14(i)(i), LLC 66/88 조항 19(9)(c), MARPOL 부록 I 규정 10.9.1, MARPOL 부속서 II 규정 10.9.1, MARPOL 부속서 IV 규정 8.8.1, MARPOL 부속서 VI 규정 9.9.1, BWM 규정 E-5.9.3, IBC 코드 규정 1.5.6.9.1, IGC 코드 규정 1.4.6.9.1, BCH 코드 규정 1.6.6.9.1 및 극지 코드 파트 I-A/규정 1.3.6.

인증서의 재검증(Revalidation of certificates)은 위의 참조문헌에 명시된 내용이다.

증명서는 해당 규정이나 조항에 명시된 기간 내에 정기검사, 중간검사 또는 연차검사, 그리고 가능하다면 선저외관 점검 등이 완료되지 않으면 효력이 정지된다. 효력이 정지된 경우, 인증서를 유효하게 회복시키기 위해서는 실시하지 못한 검사들에 요구되는 사항으로 구성된 항목들에 대해서 적절한 검사가 수행되어야 한다.

그러나 이러한 검사에 대한 철저성과 엄격성은 검사가 실행되지 못함 이유와 시간이 고려되어야 한다. 그래서 이와 관련된 행정기관은 왜 검사가 이루어지지 못했는지 확인한 후, 추가 조치를 고려해야 한다.

6.6 모든 5년 기간의 의미

참조문헌: SOLAS 74/88 regulation I/10(a)(v).

용어 '모든 5년 기간(any five-year period)' 이란, 화물선안전건조 증명서 또는 화물선안전 인증서의 유효기간 5년을 의미한다.

6.7 선박의 기국 이전 후 요구사항

선박이 다른 기국으로 이전할 때 증명서는 효력을 상실하며, 선박이 이전된 기국 정부는, 선박이 적절하게 유지되고 있다는 것과, 구조, 기계 및 장비 등에 대한 무단변경이 없었다는 것을 완전히 만족할 때까지 새로운 증명서를 발행하지 않아야 한다.

다른 기국으로 이전된 선박을 조사할 권한이 있었던 행정기관은, 이전

후의 행정기관에서 요청할 경우, 가능한 속히 선박이 이전되기 전에 발행한 증명서의 사본과 안전장비 및 로드-라인의 지정조건 등과 같은 기록, 조사보고서 사본 등을 전달해야 한다.

선박이 적절하게 유지되고 허가되지 않은 변경이 없다는 사실이 검사에 의해서 완전히 만족된 경우, 검사의 조화로운 유지를 위하여, 새로운 행정기관은 이전 행정기관에서 또는 대행기관에서 수행된 초기 및 후속 조사에 대해서 새로운 인증서를 발급할 수 있다.

6.8 인증서 유효기간 연장 조건

SOLAS 74/88 및 기타 IMO의 의무조항에는 다음 조항이 적용된다.

6.8.1 선박이 항만에 없는 경우

만약, 증명서가 만료되는 시점에서 검사대상 선박이 항만에 없을 경우, 행정기관은 인증서의 유효기간을 연장할 수 있는데, 그러나 이러한 연장은 검사대상 선박이 해당 항만으로의 항해가 완료되도록 허용하기 위한 목적으로만 허가되어야 하며, 또한, 그렇게 허가하는 것이 적절하고 타당해 보이는 경우에만 허용되어야 한다.

이러한 경우, 어떠한 증명서도 3개월 이상 연장되어서는 안 되며, 연장이 허가된 선박은 해당 항만에 도착한 이후에는 새로운 증명서를 갖지 않고서는 항만을 떠날 수 있는 권리를 부여받아서는 안 된다.

6.8.2 검사 완료할 수 없는 항만에 있는 경우

만약 선박이 요구되는 검사를 완료할 수 없는 항만에 있는 경우, 그리고 협약이 '행정기관이 증명서를 연장하는 것이 적절하고 타당하다' 고 허용하는 경우, 행정기관은 다음 사항을 따라야 한다.

1. 최소한 관련 인증서에서 요구되는 연간검사와 동일한 범위에 해당하는 추가검사를 실시해야 한다.
2. 갱신검사는 가능한 최대로 확대하여 실시해야 한다.

3. 드라이-도크에서의 점검이 필요하지만 실시할 수 없는 경우, 수중에서 선저 점검을 실시해야 한다.
4. 수중 점검이 불가능할 경우(예를 들어, 수중의 가시성 불량, 흘수의 제약, 과도한 조류, 항만당국의 거부), 선저 구조에 대한 내부 점검은 가능한 최대 확장하여 실시해야 한다.
5. 선박은, 점검 또는 드라이-도크를 완료하기 위하여, 지정된 최종 양화항만에서 지정된 다음 항만으로 곧장 항해하는 것이 허용된다.
6. 연장기간은 관련 인증서에 의거하여 검사 또는 드라이-도크가 완료될 수 있는 최소한의 시간이어야 한다.
7. 위에 나타낸 검사들에 의해서 확인된 선박 상태들은 검사와 드라이-도크를 위하여 필요한 항해 기간과 거리 및 운항제한 사항 등이 고려되어야 한다.
8. 관련된 법정 인증서들의 연장기간은, '인정된 선급의 구조적, 기계적 및 전기적 요구사항을 준수하는 문서를 발급할 수 있는' 인증서의 유효기간을 초과해서는 안 된다.

6.9 여객선 선저 외관의 점검

여객선의 선저 외관 점검은 드라이-도크에서, 최소한 모든 5년의 기간 동안 최소한 2회 이상 실시해야 한다. 모든 경우에, 모든 2회의 드라이-도크 바닥 점검 사이의 최대 간격은 36개월을 초과해서는 안 된다.

행정기관이 허용한다면, 로-로 여객선이 아닌 여객선의 경우에는 '모든 5년 동안' 선저 드라이-도크 점검에 대한 최소 점검 횟수는 2회에서 1회로 줄일 수 있다. 이러한 경우, 드라이-도크에서의 연속적인 점검 사이의 간격은 60개월을 초과할 수 없다.

참고로, '모든 5년 기간'의 정의는 국제로드라인인증서(International Load Line Certificate)에서 정의한 유효기간 5년을 의미한다.

갱신검사(이것은 드라이-도크에서 수행할 필요가 없는 것)에서 요구되는 선저 점검은 선박을 수면 위로 올린 상태(부유 상태)에서 실시할 수 있다. 선저 점검 방법과 관계없이 여객선안전인증서 갱신검사에 관한 허용 기간

내(즉, 증명서 만료일 이전 3개월의 시간대)에서 실시하여야 한다.

또한, 선박 부유 상태에서의 선저 외관점검은 조건이 만족스럽고 그리고 적절한 장비와 적합한 자격을 갖춘 직원이 있을 때만 실시되어야 한다. 러더의 베어링 간격은 선박의 부유 상태에서 점검할 필요는 없다.

선령 15년 이상의 선박에 대한 부유 상태에서의 점검은 허락을 득한 후에 실시해야 한다.

만약, 드라이-도크에서의 조사가 위에서 언급한 최대 간격 내에서 완료되지 못하면, 드라이-도크에서 조사가 완료될 때까지 여객선안전 증명서의 유효성은 중지해야 한다.

참고로, 로-로 여객선(MSC.1/Circ.1348)이 아닌 여객선에 대해 '모든 5년 동안' 1회의 드라이-도크 점검을 허용하려면 드라이-도크에서의 선저 점검 대신에 수중 점검의 수행에 관한 기술규정 평가지침을 참조한다.

6.10 무선설비 검사

생존 장치에 사용되는 것을 포함한 무선설비의 검사(Survey of radio installations)는 자격을 갖춘 무선 검사관에 의해서 수행되어야 한다.

이 검사관은, SOLAS 74, 국제전기통신연합의 무선규정(International Telecommunication Union's Radio Regulations)과 무선장비의 성능표준 등에 관해서 필요한 지식을 갖춘자이다.

무선설비 검사는 HSSC 지침에서 요구하는 관련된 모든 측정을 수행할 수 있는 적합한 시험 장비를 사용하여 수행해야 한다.

검사가 만족스럽게 완료되는 경우, 무선 검사관의 조직이 명시된 검사보고서를 선박의 화물선안전무선 인증서 또는 여객선안전 인증서 등의 발급 담당기관에 송부해야 한다.

6.11 AIS 검사

자동식별 시스템(automatic identification system, AIS)의 검사는 항상 SOLAS 74, 국제전기통신연합의 무선규정 및 무선장비에 대한 관련 성능기준에 관해서 필요한 지식을 갖춘 적격 무선 검사관이 수행해야 한다.

자동식별 시스템의 검사는, 적합한 시험 장비를 이용하여 수행해야 하는데, 이 시험 장비는 자동식별 시스템의 연간시험지침(MSC.1/Circ.1252)에 의거하여 필요한 모든 관련 측정의 수행에 적합한 것이어야 한다.

6.12 극지해역 운항선박 검사

극지 해역에서 운항하고자 하는 선박에 대한 검사의 관련 규정은 다음과 같다.

SOLAS 74/88 규정 XIV/2.1 및 3.1, MARPOL 부록 I 규정 47, MARPOL 부속서 II 규정 22, MARPOL 부속서 IV 규정 18 및 MARPOL 부속서 V 규정 14)에 의거하여 극지 코드(Polar Code)는 독립된 규정인데, 극지 코드는 극지 해역에서 운행하려는 선박에 관한 SOLAS 74/88 과 MARPOL에 추가하여 요구된 것이다.

극지 코드의 요구사항은 SOLAS 74/88 및 MARPOL에 의거하여 검사되지만, 별도의 검사 종류는 구성되지 않는다.

MARPOL 부속문서 I 및 II의 경우, 극지 코드의 준수에 관한 사항은 국제기름오염방지 인증서(International Oil Pollution Prevention Certificate)와 산적 유해액체물질의 운송에 관한 국제오염방지증명서(International Pollution Prevention Certificate for the Carriage of Noxious Liquid Substances in Bulk)(해당하는 경우)에 명시되어 있다.

SOLAS 74/88의 경우는, 극지선박증명서(Polar Ship Certificate)를 발급하고 극지 코드 준수를 보증해야 한다고 명시되어 있다. 극지선박증서는 극지에서 운항하고자 하는 선박에 대해서 SOLAS 인증서에 부가된 인증서로 인식되어야 할 뿐, 선박이 극지 밖에 있을 때는 다른 증서의 유효성에 영향을 미치지 않는다.

비록, 극지선박 인증서와 관련된 검사의 종류는 없지만, 다음과 같은 검사 종류는 HSSC 부속서 4에 적용되고 극지선박 인증서에 명시된 항목들이 포함된다.

1. 초기검사는 극지 코드 I-A절과 관련된 항목들의 검사 범위를 확약하기 위한 것인데, 여기에는 화물선의 안전 건조, 안전 장비 및 안전 무선설

비의 초기검사 또는 여객선안전인증서의 초기검사가 관련되어 있다.

2. 연간검사는 코드 I-A절과 관련된 항목들의 검사범위를 확약하기 위한 것인데, 여기에는 정기안전무선 검사와 화물선의 연간안전건조 및 안전장비 검사에 대한 정기검사가 관련되어 있다.

3. 중간검사는 화물선의 중간안전건조 검사와 관련하여 극지 코드 I-A절과 관련된 항목에 대한 조사 범위를 확약하기 위한 것이다.

4. 정기검사(유효기간 2년 또는 3년)는 화물선의 정기안전장비 검사와 관련하여 극지 코드 I-A절과 관련된 항목에 대한 검사범위를 확약하기 위한 것이다.

5. 갱신검사는 화물선의 안전건조, 안전장비 및 안전무선설비 등의 갱신검사 또는 여객선안전인증서의 갱신검사와 관련하여 극지 코드 I-A절과 관련된 항목의 조사범위를 확약하기 위한 것이다.

화물선에 발급된 극지선박인증서의 경우, 연차검사, 중간검사 및 정기검사를 위한 인증서의 승인을 통해 조사범위를 만족스럽게 완료할 수 있다.

여객선에 발급된 극지선박인증서의 경우, SOLAS 74/88 규정 I/14(d) 및 I/14(e) 또는 I/14(f)에 의거하여 승인된 것만 적용된다.

극지 코드와 관련된 검사항목들과 SOLAS 인증서에 따라서 검사를 수행한 후, 극지선박인증서가 발급 또는 종료되기 이전에 SOLAS 인증서에 대한 승인을 받아야 한다.

극지선박인증서의 효력이 중지되거나 또는 기간이 만료되었으나 그 밖의 증명서는 유효하게 남아 있는 경우, 행정기관은 타당하다고 인정되는 경우 해당 SOLAS 인증서에 따른 추가 검사를 실시하여 인증서의 효력을 요구할 수 있다. 이러한 경우, 관련된 SOLAS 인증서의 기간은 변경되지 않고 유지되어야 한다.

7. 부록

7.1 부록 1

HSSC의 부록 1은 HSS 관련 다양한 규정들에 대한 개정안이 설명되어 있다. 이 목록을 이용하여 해당 규정들이 개정된 원인과 배경 및 그 내용을 확인할 수 있다.

부록 1 : HSSC에 따른 검사지침이 반영된 강제 조항들에 대한 개정안들의 요약 / APPENDIX 1 SUMMARY OF AMENDMENTS TO MANDATORY INSTRUMENTS REFLECTED IN THE SURVEY GUIDELINES UNDER THE HSSC

부록 1부터 4까지에 반영된 강제 조항들의 개정안은 향후 HSSC에 따른 검사지침의 수정이 용이하도록 다음과 같이 요약되어 있다.

1. 2015년 개정안이 포함된 SOLAS 74 / SOLAS 74 up to and including the 2015 amendments (resolution MSC.392(95))
2. 2015년 개정안이 포함된 1988년 SOLAS 의정서 / SOLAS PROT 1988 up to and including the 2015 amendments (resolution MSC.395(95))
3. 2005년 개정안이 포함된 LLC 66 / LLC 66 up to and including the 2005 amendments (resolution A.972(24))
4. 2014년 개정안이 포함된 LL 의정서 1988 / LL PROT 1988 up to and including 2014 amendments (resolution MSC.375(93))
5. 2016년 개정안이 포함된 MARPOL / MARPOL up to and including 2016 amendments (resolution MEPC.274(69))
6. 2004년 적용된 BWM 협약 / BWM Convention as adopted in 2004
7. 2016년 개정안이 포함된 2008년 NOX 기술코드 / NOX Technical Code 2008 up to and including 2016 amendments (resolution MEPC.272(69))
8. 2014년 개정안을 포함한 IBC 코드 / IBC Code up to and including the 2014 amendments (resolutions MEPC.250(66)/MSC.369(93))
9. 2014년 개정안을 포함한 IGC 코드 / IGC Code up to and including the

2014 amendments (resolution MSC.370(93))

10. 2014년 개정안을 포함한 BCH 코드 / BCH Code up to and including the 2014 amendments (resolutions MSC.376(93)/MEPC. 249(66))
11. 2014년 개정안을 포함한 LSA 코드 / LSA Code up to and including the 2014 amendments (resolution MSC. 368(93))
12. 2014년 개정안을 포함한 FSS 코드 / FSS Code up to and including the 2014 amendments (resolution MSC. 367(93))
13. 2015년 의결서 MSC.391(95)에 의해 채택된 IGF 코드 / IGF Code adopted by resolution MSC.391(95) in 2015
14. 2014/2015 의결서 MSC.385(94)/MEPC.264(68)에 의해서 채택된 극지역 코드 / Polar Code adopted by resolutions MSC.385(94)/MEPC.264(68) in 2014/2015

7.2 부록 2

부록 2는 검사와 인증의 조화로운 시스템(The Harmonized System of Survey and Certification)의 검사주기를 도표(Diagrammatic Arrangement)로 나타낸 것이다. 이 도표를 통해서 복잡한 검사 주기를 쉽게 이해할 수 있다.

APPENDIX 2 THE HARMONIZED SYSTEM OF SURVEY AND CERTIFICATION - DIAGRAMMATIC ARRANGEMENT

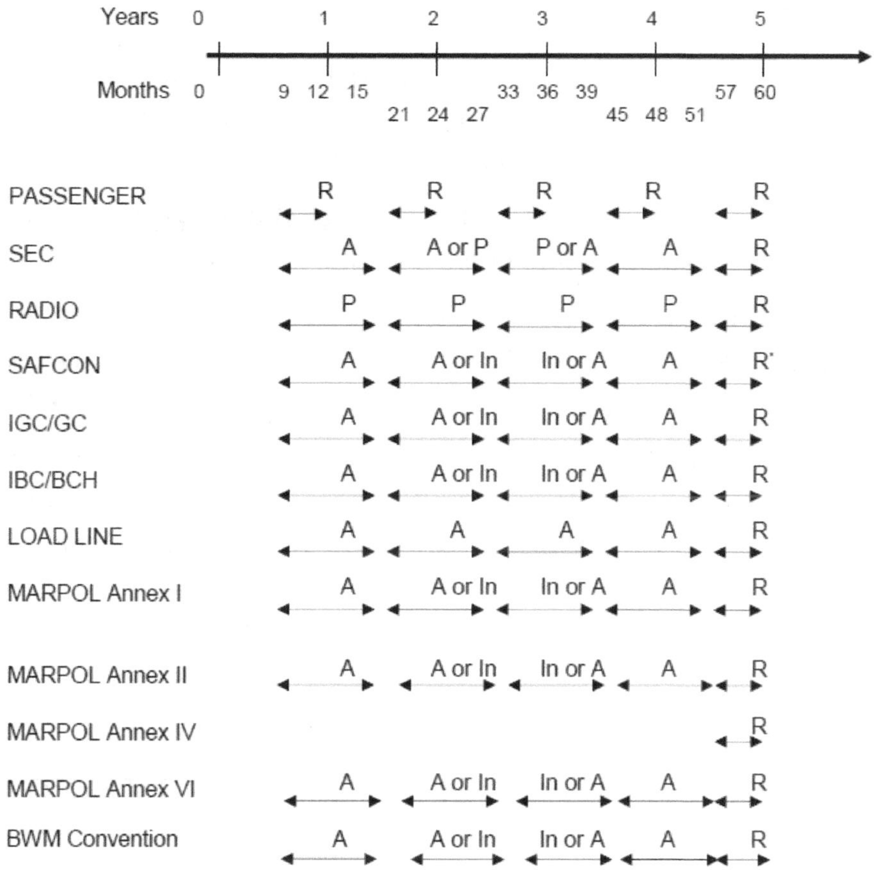

Code of types of survey:

R - Renewal

P - Periodical

In - Intermediate

A - Annual

8. 부속서 1의 내용

앞에서, HSS는 총 5가지의 부속서(Annex)가 있다고 하였는데, 이들 부속서의 내용은 대단히 방대하고 상세하다. 이들 부속서는 현장적용에 유용한 것인데, 이들 내용을 본 교재에서 모두 수용하기는 곤란하다.

그래서 본 교재에서는 부속서 1의 내용 중 일부만 설명하고, 나머지는 향후 별도의 부록으로 간행할 예정임을 참고하기 바란다.

의결서 A.1120(30)의 부속서 1에는 1988년 관련 프로토콜에 의해 수정된 1974년 SOLAS 협약에 따른 조사 지침이 수록되어 있다. 목차는 다음과 같다. 독자들의 이해 향상을 위하여 한글과 영문을 병행하여 표기하였다.

부속서 1의 제목은 1988년 관련 프로토콜에 의해 수정된 1974년 SOLAS 협약에 따른 조사 지침이다. Annex 1 : SURVEY GUIDELINES UNDER THE 1974 SOLAS CONVENTION, AS MODIFIED BY THE 1988 PROTOCOL RELATING THERETO)

8.1 부속서 1의 목록

(E) 1 화물선 안전 장비 인증서에 대한 검사 지침 - GUIDELINES FOR SURVEYS FOR THE CARGO SHIP SAFETY EQUIPMENT CERTIFICATE

- (EI) 1.1 초기검사 Initial surveys
- (EA) 1.2 연차검사 Annual surveys
- (EP) 1.3 정기검사 Periodical surveys
- (ER) 1.4 갱신검사 Renewal surveys

(C) 2 화물선 안전 건조 인증서에 대한 검사 지침 - GUIDELINES FOR SURVEYS FOR THE CARGO SHIP SAFETY CONSTRUCTION CERTIFICATE

- (CI) 2.1 초기검사 Initial surveys
- (CA) 2.2 연차검사 Annual surveys
- (CIn) 2.3 임시검사 Intermediate surveys
- (CR) 2.4 갱신검사 Renewal surveys

(B) 3 화물선 선저 외부의 점검지침 - GUIDELINES FOR THE INSPECTION OF THE OUTSIDE OF THE SHIP'S BOTTOM OF CARGO SHIPS

(R) 4 화물선 안전 무선설비 인증서 검사지침 - GUIDELINES FOR SURVEYS FOR THE CARGO SHIP SAFETY RADIO CERTIFICATE

- (RI) 4.1 초기검사 Initial surveys
- (RP) 4.2 정기검사 Periodical surveys
- (RR) 4.3 갱신검사 Renewal surveys

(P) 5 여객선 안전 인증서의 조사를 위한 지침 - GUIDELINES FOR SURVEYS FOR THE PASSENGER SHIP SAFETY CERTIFICATE

- (PI) 5.1 초기조사 Initial surveys
- (PR) 5.2 갱신조사 Renewal surveys

8.2 화물선 안전장비 인증에 대한 검사지침

화물선 안전장비 인증에 대한 검사지침(E)을 설명하면 다음과 같다.

8.2.1 초기검사(EI)

(1) 생존 장치 검사

초기검사를 위한 화물선의 생존 장치(life-saving appliance)와 장비에 대한 계획 및 설계 심사의 구성 요소는 다음과 같다.

1. 비상소방펌프를 포함한 소방펌프에 관한 계획을 검토하는데, 여기에는 화재 주전원, 소화전(hydrant), 호스, 노즐, 국제해안연결장치(international shore connection, ICS) 등이 포함될 수 있다.
2. 소방기의 공급, 사양 및 준비 상태를 점검한다.
3. 소방장구(fire-fighters' outfit)의 준비와 명세 및 규정을 점검하는데 여기에는 다음을 포함한다. 자체 내장형 압축공기호흡장치, 비상탈출호흡장치(emergency escape breathing devices, EEBD), 훈련 중에 사용한 호흡

장치 실린더의 충전 수단과 이들을 대체하기 위한 적절한 수의 예비 실린더, 폭발 방지형 또는 안전한 양방향 휴대용 무선전화장치(two-way portable radiotelephone apparatus)

4. 기계설치 공간에 대한 소화설비 계획의 검토 및 특별한 준비 계획을 검토하고, 고정식 화재감지 및 화재경보 시스템의 설치를 점검한다. 여기에는 주기적으로 사람이 없는 기계설치 공간과 소각로(incinerator)를 포함하는 밀폐된 공간이 포함된다.

5. 주거공간과 서비스 공간 : 고정식화재감지기 및 화재경보시스템 및/또는 스프링클러, 화재감지 및 화재경보 시스템을 점검한다. 그리고 페인트 및/또는 가연성 액체와 고지방 조리 장비가 포함되는 공간에 대한 소방 시스템을 점검한다.

6. 기름 연료, 윤활유 및 기타 가연성 기름에 대한 밸브들의 원격 차단에 관한 준비를 점검한다.

7. 일반 화물과 위험화물에 대한 화물 공간에 대한 화재예방 준비 계획을 점검한다.

8. 컨테이너 또는 기상 갑판(weather deck)에 화물을 수송하는 선박의 경우는 화재예방계획을 점검하는데, 여기에는 물을 분사할 수 있는 레인(lane), 이동용 물 모니터, 그리고 필요한 모든 호스, 장비, 고정식 하드웨어 등을 소방펌프, 소방 주전원, 소방호스, 소화전을 추가하여 검사한다.

9. 자동차와 특별한 범주 그리고 ro-ro 공간에 대한 화재방지 준비 계획을 점검한다. 여기에는, 압축 수소 또는 천연가스를 탑재한 자동차를 화물로 수송하기 위한 화재안전 준비가 포함된다.

10. 항해 선교의 가시성을 점검한다.

11. 헬리콥터 시설에 관한 계획을 점검한다.

12. 위험화물(dangerous good) 운송을 위한 특별 준비 계획을 검토한다. 여기에는 급수, 전기 장비 및 배선, 샘플 추출 연기 감지 시스템을 포함한 화재탐지 등이 포함된다. 아울러 환기, 빌지 펌프, 인명보호와 모든 물 분무 시스템 등이 포함될 수 있다.

13. 생존정(survival craft)과 구조정(rescue boat)의 설비와 배치에 대해서

점검한다. 가능하다면, 해상탈출시스템(marine evacuation system, MES)도 포함하여 점검하고, 달리 설계되고 배치된 것이 있다면 이에 관해서 승인된 서류를 검토한다.

14. 구조정의 설계에 대해서 점검한다. 여기에는 이들의 건조 장비, 부속품, 이탈 메커니즘(release mechanism) 및 구조정 회수장치 그리고 탈출과 진수 준비가 포함된다.

15. 생존 장비의 모든 부품은 국제적 또는 선명한 적황색 또는 비교적 가시성이 높은 색상이어서 해상에서 탐지에 도움이 될 수 있는 것인지 점검한다.

16. 구조정의 설계를 점검하는데, 여기에는 이들의 장비와 진수 및 회수 장비와 그리고 준비 상태를 점검한다.

17. 양방향 VHF 무선전화장치와 수색구조위치표시장치의 설치와 명세 및 보관 상태를 점검한다.

18. 조난용 화염(flare)과 라인 투척장치 등의 준비와 명세 및 보관 상태를 점검하고, 아울러 선상 통신장치와 일반 경보 시스템의 준비를 점검한다.

19. 구명환(life buoy)의 준비와 사양 및 보관 상태를 점검하는데, 자체점등조명(self-igniting light), 자체작동연기신호(self-activating smoke signal), 부력 라인, 구명조끼, 이머젼 슈트(immersion suit), 노출방지 슈트(anti-exposure suit) 등도 점검한다.

20. 구명조끼와 함께 착용하도록 설계된 이머젼 슈트는, 이러한 내용이 적절히 표시되어 있는지 점검한다.

21. 비상 배치와 탈출 스테이션 그리고 이들에 접근할 수 있는 계단 및 출구를 조명할 수 있는 조명에 관한 계획을 점검한다. 여기에는 조명을 위한 비상전원공급이 포함된다.

22. 항해등, 형상 음향신호장치 등에 관한 명세와 배치 계획 및 사양을 점검한다.

23. 항법 시스템과 장비 그리고 선교 절차에 관한 배치와 선교설계와 관련된 계획을 점검한다.

24. 다음과 같은 항해 장비들의 설치와 사양을 확인한다.

- 일광신호등(daylight signalling lamp), 자기나침반, 선수방위송신장치, 자이로컴퍼스, 자이로컴퍼스 리피터, 레이더 장치, 자동식별 시스템, 전자플로팅 장치, 자동추적 장치 또는 자동 레이더 플롯팅 장치, 속력측정장치, 속도 및 거리 측정장치, 러더 각도 표시장치, 프로펠러 회전율 표시장치, 가변피치 프로펠러의 피치와 작동 모드 표시장치, 선회속도 표시기(rate-of-turn indicator), 선수 또는 추적제어 시스템, GNSS 수신기, 지상무선항법 시스템, 음향수신 장치(Sound Reception System, SRS), 비상조타위치에서의 통신수단, 펠로러스(pelorus) 또는 나침방위 장치, 선수방위 수정 수단, 선교항해당직경보시스템(bridge navigational watch alarm system, BNWAS), 백업을 포함한 전자해도표시및정보시스템(electronic chart display and information system, ECDIS).

25. 항행 데이터 기록장치(voyage data recorder, VDR)의 설치와 사양을 점검한다.
26. 장거리 식별 및 추적 시스템(long-range identification and tracking system, LRIT)의 설치와 사양을 점검한다.
27. 도선사 이동, 도선사 사다리, 결합 배치 등의 계획과 사양을 점검하고, 만약 적용 가능하다면, 도선사에 대한 갑판 접근과 이에 관련된 장비 및 조명에 대해서도 점검한다.
28. 선박에서의 승선과 하선을 위한 수단(갱웨이, 사다리 등)의 준비를 점검한다.

(2) 탱커에 추가 요구되는 사항

앞에서는 화물선의 구명기구와 다른 장비들에 관한 설계와 계획의 점검에 관해서 기술하였는데, 유조선의 경우는 이에 더하여 추가로 요구되는 사항이 있고, 그 내용은 다음과 같다.

1. 화물 탱크 보호를 위한 계획을 점검한다.
2. 이중 선체 공간과 이중 선저 공간에서의 가스 측정에 관한 계획을 점검하는데, 여기에는 영구적인 가스 샘플링 라인의 장착이 포함된다.
3. 2만 DWT급 이상의 유조선의 경우는, 화물 탱크에 인접한 이중 선체 및 이중 선저 공간의 모든 평형 수 탱크와 여유 공간에서 탄화수소 가스

농도를 측정하기 위한 고정 탄화수소 가스 감지 시스템에 관한 계획을 점검한다. 아울러, 화물 탱크에 인접한 선수 탱크 및 벌크헤드 아래의 다른 공간과 탱크에 대해서도 이러한 가스 감지 시스템에 대한 계획을 점검한다.

4. 화물용 펌프실의 보호에 관한 계획을 점검한다.

IGC 코드에 의해서 규정된 선박 이외에 연료로서 천연가스를 사용하는 화물선의 인명구조 기구와 다른 장치들의 설계와 계획에 관한 점검에는 다음 사항이 추가로 요구되는데, 화감지 및 경보 시스템과 소방 설비에 관한 계획을 점검하는 것이다.

(3) 화물선 건조 중의 점검

화물선이 건조 중일 때의 구명설비와 다른 장비들의 검사 그리고 이러한 기구와 장비가 설치된 후의 검사는 다음에 따른다.

1. 소방펌프와 소화 주체 그리고 소화전, 호스, 노즐, 국제해안연결장치(ISC) 등의 배치를 점검하고, 소화전에서 필요한 압력이 유지된 상태에서 비상소화펌프를 포함한 각 소방펌프가 개별적으로 작동할 경우 선박의 어느 부분에서도 서로 다른 소화전으로부터 물이 두 제트(jet) 형태로 생성될 수 있는지 점검한다. 그리고 비상소화펌프가 필요한 용량을 가지고 있는지 시험한다. 만약 비상소화펌프가 모든 고정식 소화시스템에 대한 물 공급원이라면, 비상소화펌프가 이러한 시스템의 용량을 갖고 있는지 점검한다.
2. 선박이 기상 갑판 위에 컨테이너를 운송하도록 설계되어 있는 경우, 물 분사 랜스(lance)를 테스트하고, 이동식 물 모니터와 모든 호스를 점검한다. 그리고 이동식 물 모니터가 선박에 고정될 수 있는지 시험하고 물이 컨테이너 상단까지 도달할 수 있는지 테스트한다.
3. 소화기의 위치와 설치를 점검한다.
4. 소방장구를 점검하는데, 여기에는 다음이 포함된다. 독립형 압축공기호흡 장치, 비상탈출 호흡장치(emergency escape breathing device, EEBD), 훈련 중에 사용된 호흡장치의 실린더 재충전 방법 또는 사용된 예비 실린더의 적절한 수량, 그리고 양방향 휴대용 무선전화장치 등.

5. 소방 시스템의 작동 준비 상태와 유지관리를 점검한다.

6. 기계, 화물, 차량, 특수 범주와 ro-ro 공간에 대한 고정 소방 시스템을 점검한다. 아울러 설치 시험이 만족스럽게 완료되었고, 작동 수단이 명확하게 표시되어 있는지 점검한다.

7. 기계 공간 및 화물 펌프실 등의 보호를 위한 고정식 이산화탄소 소화 시스템을 검사한다. 아울러, 가능하다면, 가스 배관 개구부의 제어장치와 저장 컨테이너에서 가스를 배출하기 위한 제어장치가 별도로 준비되어 있는지를 검사하는데, 이들 각각은 명확하게 식별된 릴리즈 박스(release box)에 위치해야 된다.

8. 기계 공간의 소화설비 및 특수설비를 검사한다. 아울러, 실용적이고 적절한 범위 내에서 다음을 검사한다. 천장의 개폐, 연기 방출, 연돌과 환풍기의 개구부 폐쇄, 전원으로 작동되는 문, 대기 및 환기 개구부 폐쇄, 전원공급의 폐쇄에 대해 제공되는 원격 제어수단, 침식 및 기타 문, 강제 및 유도된 환기 및 보일러 정지, 가연성 액체를 배출하는 기름 연료 및 기타 펌프의 정지

위의 내용 이외에도 부속서 1에는 대단히 상세한 검사 대상 장치, 장비 등이 수록되어 있다. 아울러 부속서 2, 3, 4, 5 등에는 더 상세한 규정들이 수록되어 있다. 이들에 대해서는 추후 본 교재와 별도의 부록으로 제작하여 배포할 예정임을 알린다.

9. 의결서 A.1119(30)

9.1 개요

앞에서 설명한 HSSC 의결서 A.1120(30)은 IMO에서 2017년 12월 6일에 채택한 것으로 선박 검사와 인증을 위한 것이다. 한편, 이 보다 앞서 간행된 HSSC 관련 의결서로 A.1119(30)가 있다.

출처: Resolution A.1119(30), Adopted on 6 December 2017(Agenda item 9), PROCEDURES FOR PORT STATE CONTROL, 2017

IMO INTERNATIONAL MARITIME ORGANIZATION　　E

ASSEMBLY
30th session
Agenda item 9

A 30/Res.1119
20 December 2017
Original: ENGLISH

Resolution A.1119(30)

Adopted on 6 December 2017
(Agenda item 9)

PROCEDURES FOR PORT STATE CONTROL, 2017

A.1119(30)는 PSC 점검수행에 관한 기본지침을 제공하기 위한 것인데, 관련된 협약과 IMO의 조항 구현 코드(Instruments Implementation Code - III Code) 의결서 A.1070(28))의 일부분 등에 명시된 통제 조항을 지원하기 위한 것으로, 이러한 점검을 행함에 있어서, 선박과 장비 또는 승무원의 결함에 대한 인식과 제어절차의 통일된 적용을 위한 것이다.

A.1119(30)는 2017년 12월 6일에 IMO에서 채택된 것으로, 제목은 2017년 PSC에 관한 절차(Procedures for Port State Control, 2017)이다. 이 의결서는 PSC를 실시함에 따른 항만국통제관(PSCO)이 해야 될 검사사항과 의무사항 등이 명시되어 있다.

즉, A.1120(30)은 선박의 사관들이 반드시 숙지해야 될 선박검사 자체에 대해서 명시된 것이고, 이에 반하여 A.1119(30)는 PSCO가 해야 될 사항이 명시한 것이다. 그렇다고 반드시 PSCO가 해야 할 사항만 있는 것이 아니라서 사관들이 알아야 할 주요한 내용도 있다.

A.1120(30) 역시 방대하기 때문에 추후 기회가 되면 별도 책자로 제작하여 배포할 예정임을 알린다. 여기서는 주요한 내용만 간략하게 살펴본다.

9.2 목차

A.1119(30)의 목차를 통해서 PSCO가 집중적으로 점검하는 항목을 알 수 있고, 어떠한 근거에 의해서 점검하는지 알 수 있다. 따라서 선박 사관들 입장에서는 A.1120(30)과 A.1119(30) 모두를 학습할 필요가 있다.

CHAPTER 1 - GENERAL

- Purpose
- Application
- Introduction
- Provision for port State control
- Ships of non-Parties
- Ships below convention size
- Definitions
- Professional profile of PSCOs
- Qualification and training requirements of PSCOs

CHAPTER 2 - PORT STATE INSPECTIONS

- General
- Initial inspections
- General procedural guidelines for PSCOs
- Clear grounds
- More detailed inspections

CHAPTER 3 - CONTRAVENTION AND DETENTION

- Identification of a substandard ship
- Submission of information concerning deficiencies
- Port State action in response to alleged substandard ships
- Responsibilities of port State to take remedial action
- Guidance for the detention of ships
- Suspension of inspection
- Procedures for rectification of deficiencies and release

CHAPTER 4 - REPORTING REQUIREMENTS

- Port State reporting
- Flag State reporting
- Reporting of allegations under MARPOL

CHAPTER 5 - REVIEW PROCEDURES

5.1 Report of comments

그리고 부록에는 다음과 같이 관련된 지침, 코드 등이 설명되어 있다.

부록 Appendices

- Appendix 1 Code of Good Practice for port State control officers conducting inspections within the framework of the regional Memoranda of Understanding and Agreement on Port State Control
- Appendix 2 Guidelines for the detention of ships
- Appendix 3 Guidelines for investigations and inspections carried out under Annex I of MARPOL
- Appendix 4 Guidelines for investigations and inspections carried out under Annex II of MARPOL
- Appendix 5 Guidelines for discharge requirements under Annexes I

and II of MARPOL

- Appendix 6 Guidelines for more detailed inspections of ship structural and equipment requirements
- Appendix 7 Guidelines for control of operational requirements
- Appendix 8 Guidelines for port State control officers on the ISM Code
- Appendix 9 Guidelines for port State control related to LRIT
- Appendix 10 Guidelines for port State control under the 1969 Tonnage Convention
- Appendix 11 Guidelines for port State control officers on certification of seafarers, manning and hours of rest
- Appendix 12 List of certificates and documents
- Appendix 13 Report of inspection in accordance with IMO port State control procedures
- Appendix 14 Report of deficiencies not fully rectified or only provisionally rectified
- Appendix 15 Report of action taken to the notifying authority
- Appendix 16 Format for the Report of contravention of MARPOL (article 6)
- Appendix 17 Comments by flag State on detention report
- Appendix 18 List of instruments relevant to port State control procedures

9.3 중요한 정의

아래에 설명한 정의들은 PSC 검사의 기준이 되기 때문에 반드시 알아야 한다. 이 정의들은 향후 현장에서 적용될 필요가 있음으로 A.1119(30)에 기록된 내용 그대로 두었다. 여러분들이 해석해 보기 바라는데, 이미 A.1120(30)을 설명하면서 대부분 설명한 바 있다.

9.3.1 Bulk carrier

While noting the definitions in SOLAS regulations IX/1.6 and XII/1.1 and resolution MSC.277(85), for the purposes of port State control, PSCOs should be guided by the ship's type indicated in the ship's certificates in determining whether a ship is a bulk carrier and recognize that a ship which is not designated as a bulk carrier as the ship type on the ship certificate may carry certain bulk cargo as provided for in the above instruments.

9.3.2 Clear grounds

Clear grounds: Evidence that the ship, its equipment, or its crew does not correspond substantially with the requirements of the relevant conventions or that the master or crew members are not familiar with essential shipboard procedures relating to the safety of ships or the prevention of pollution. Examples of clear grounds are included in section 2.4.

9.3.3 Deficiency

A condition found not to be in compliance with the requirements of the relevant convention

9.3.4 Detension

Intervention action taken by the port State when the condition of the ship or its crew does not correspond substantially with the relevant conventions to ensure that the ship will not sail until it can proceed to sea without presenting a danger to the ship or persons on board, or without presenting an unreasonable threat of harm to the marine environment, whether or not such action will affect the normal schedule of the departure of the ship.

9.3.5 Initial Inspection

A visit on board a ship to check both the validity of the relevant certificates and other documents, and the overall condition of the ship, its equipment and its crew (see also section 2.2).

9.3.6 More detailed inspection

More detailed inspection: An inspection conducted when there are clear grounds for believing that the condition of the ship, its equipment or its crew does not correspond substantially to the particulars of the certificates.

9.3.7 Port State Control Officer (PSCO)

A person duly authorized by the competent authority of a Party to a relevant convention to carry out port State control inspections, and responsible exclusively to that Party.

9.3.8 Recognized Organization

An organization which meets the relevant conditions set forth in the Code for Recognized Organizations (RO Code) (MSC.349(92) and MEPC.237(65)), and has been assessed and authorized by the flag State Administration in accordance with provisions of the RO Code to provide the necessary statutory services and certification to ships entitled to fly its flag.

9.3.9 Stopping an operation

Formal prohibition against a ship to continue an operation due to an identified deficiency or deficiencies which, singly or together, render the continuation of such operation hazardous.

9.3.10 Standard ship

A ship whose hull, machinery, equipment or operational safety is substantially below the standards required by the relevant convention or whose crew is not in conformance with the safe manning document.

9.3.11 Valid certificates

A certificate that has been issued, electronically or on paper, directly by a Party to a relevant convention or on its behalf by a recognized organization and contains accurate and effective dates meets the provisions of the relevant convention and to which the particulars of the ship, its crew and its equipment correspond.

9.4 부속서 12

부속서 12에는 인증서와 서류들의 목록이 나열되어 있는데, PSCO가 PSC 점검을 할 때 적용하는 것들이다. 잘 알아두기 바란다.

- Appendix 12 : LIST OF CERTIFICATES AND DOCUMENTS

1. International Tonnage Certificate (1969);
2. Reports of previous port State control inspections;
3. Passenger Ship Safety Certificate (SOLAS reg.I/12);
4. Cargo Ship Safety Construction Certificate (SOLAS reg.I/12);
5. Cargo Ship Safety Equipment Certificate (SOLAS reg.I/12);
6. Cargo Ship Safety Radio Certificate (SOLAS reg.I/12);

7. Cargo Ship Safety Certificate (SOLAS reg.I/12);
8. For ro-ro passenger ships, information on the A/A-max ratio (SOLAS reg.II-1/8-1);
9. Damage control plans and booklets (SOLAS reg.II-1/19);
10. Stability information (SOLAS regs.II-1/5 and II-1/5-1 and LLC 66/88 reg.10);
11. Manoeuvring Booklet and information (SOLAS reg.II-1/28);
12. Unattended machinery spaces (UMS) evidence (SOLAS reg.II-I/46.3);
13. Fixed gas fire-extinguishing systems - cargo spaces Exemption Certificate and any list of cargoes (SOLAS reg.II-2/10.7.1.4);
14. Fire control plan/booklet (SOLAS reg.II-2/15.2.4 and II-2/15.3.2);
15. Fire safety operational booklet (SOLAS reg.II-2/16.2);
16. Dangerous goods manifest or stowage plan (SOLAS reg.VII/4 and VII/7-2; MARPOL Annex III reg.4);
17. Document of compliance with the special requirements for ships carrying dangerous goods (SOLAS reg.II-2/19.4);
18. Onboard training, drills and maintenance records (SOLAS reg.II-2/15.2.2.5 and reg.III/19.3 and III/19.5 and III/20.6 and III/20.7);
19. Minimum safe manning document (SOLAS reg.V/14.2);
20. Search and Rescue cooperation plan for passenger ships trading on fixed routes (SOLAS reg.V/7.3);
21. LRIT Conformance Test Report (SOLAS reg.V/19-1.6);
22. Copy of the Certificate of compliance issued by the testing facility, stating the date of compliance and the applicable performance standards of VDR (voyage data recorder) (SOLAS reg.V/18.8);
23. For passenger ships, List of operational limitations (SOLAS reg.V/30.2);
24. Cargo Securing Manual (SOLAS reg.VI/5.6 and VII/5; MSC.1/Circ.1353);

25. Bulk Carrier Booklet (SOLAS reg.VI/7.2 and XII/8);

26. Loading/Unloading Plan for bulk carriers (SOLAS reg.VI/7.3);

27. Document of authorization for the carriage of grain and grain loading manual (SOLAS reg.VI/9; International Code for the Safe Carriage of Grain in Bulk, section 3);

28. INF (International Code for the Safe Carriage of Packaged Irradiated Nuclear Fuel, Plutonium and High-Level Radioactive Wastes on Board Ships) Certificate of Fitness (SOLAS reg.VII/16 and INF Code reg.1.3);

29. Copy of Document of Compliance issued in accordance with the International Management Code for the Safe Operation of Ships and for Pollution Prevention (ISM Code) (DoC) (SOLAS reg.IX/4.2, ISM Code, paragraph 13);

30. Safety Management Certificate issued in accordance with the International Management Code for the Safe Operation of Ships and for Pollution Prevention (SMC) (SOLAS reg.IX/4.3, ISM Code, paragraph 13);

31. High-Speed Craft Safety Certificate and Permit to Operate High-Speed Craft (SOLAS reg.X/3.2 and HSC Code 94/00 reg.1.8.1 and 1.9);

32. Continuous Synopsis Record (SOLAS reg.XI-1/5);

33. International Certificate of Fitness for the Carriage of Liquefied Gases in Bulk, or the Certificate of Fitness for the Carriage of Liquefied Gases in Bulk, whichever is appropriate (IGC Code reg.1.5.4 or GC Code reg.1.6);

34. International Certificate of Fitness for the Carriage of Dangerous Chemicals in Bulk, or the Certificate of Fitness for the Carriage of Dangerous Chemicals in Bulk, whichever is appropriate (IBC Code reg.1.5.4 and BCH Code reg.1.6.3);

35. International Oil Pollution Prevention Certificate (MARPOL Annex I reg.7.1);

36. Enhanced Survey Report Files (in case of bulk carriers or oil tankers)

(SOLAS reg.XI-1/2 and 2011 ESP Code paragraphs 6.2 and 6.3 of annex A, part A and part B, and annex B, part A and part B);

37. Oil Record Book, parts I and II (MARPOL Annex I regs.17 and 36);
38. Shipboard Marine Pollution Emergency Plan for Noxious Liquid Substances (MARPOL Annex II reg.17);
39. Statement of compliance Condition Assessment Scheme (CAS) (MARPOL Annex I regs.20.6 and 21.6.1);
40. For oil tankers, the record of oil discharge monitoring and control system for the last ballast voyage (MARPOL Annex I reg.31.2);
41. Shipboard Oil Pollution Emergency Plan (MARPOL Annex I reg.37.1);
42. International Pollution Prevention Certificate for the Carriage of Noxious Liquid Substances in Bulk (NLS) (MARPOL Annex II reg.9.1);
43. Cargo Record Book (MARPOL Annex II reg.15);
44. Procedures and Arrangements Manual (chemical tankers) (MARPOL Annex II reg.14.1);
45. International Sewage Pollution Prevention Certificate (ISPPC) (MARPOL Annex IV reg.5.1);
46. Garbage Management Plan (MARPOL Annex V reg.10);
47. Garbage Record Book (MARPOL Annex V reg.10);
48. International Air Pollution Prevention Certificate (IAPPC) (MARPOL Annex VI reg.6.1);
49. Fuel oil Changeover Procedure and Logbook for fuel oil changeover (MARPOL Annex VI reg.14.6);
50. Type approval certificate of incinerator (MARPOL Annex VI reg.16.6);
51. Bunker delivery notes and Representative Sample (MARPOL Annex VI reg.18.6 and 18.8.1);
52. Engine International Air Pollution Prevention Certificate (EIAPPC)

(NOX Technical Code 2008 reg.2.1.1.1);

53. Technical files (NOX Technical Code 2008 reg.2.3.4);
54. Record book of engine parameters (NOX Technical Code reg.2.3.7);
55. International Load Line Certificate (1966) (LLC 66/88 art.16.1);
56. International Load Line Exemption Certificate (LLC 66/88 art.16.2);
57. Certificates for masters, officers or ratings issued in accordance with STCW Convention (STCW art.VI, reg.I/2 and STCW Code section A-I/2);
58. Records of hours of rest and table of shipboard working arrangements (STCW Code section A-VIII/1.5 and 1.7, ILO Convention No.180 art. 5.7, art. 8.1 and MLC, 2006 Standard A.2.3.10 and A.2.3.12);
59. Certificate of insurance or any other financial security in respect of civil liability for oil pollution damage (CLC 69/92 art.VII.2);
60. Certificate of insurance or any other financial security in respect of civil liability for bunker oil pollution damage (BUNKERS 2001 art.7.2);
61. International Ship Security Certificate (ISSC) or Interim International Ship Security Certificate (ISPS Code part A/19 and appendices);
62. Record of AFS (AFS 2001 Annex 4 reg.2);
63. International Anti-fouling System Certificate (IAFS Certificate) (AFS 2001 Annex 4 reg.2); and
64. Declaration on AFS (AFS 2001 Annex 4 reg.5).
65. Coating Technical File (SOLAS reg.II-1/3-2);
66. Construction drawings (SOLAS reg.II-1/3-7);
67. Ship Construction File (SOLAS reg.II-1/3-10);
68. Fire safety training manual (SOLAS reg.II-2/1 5.2.3);
69. Maintenance plans (SOLAS reg.II-2/14.2.2 and II-2/14.4);
70. Training manual (SOLAS reg.III/35);

71. Nautical charts and nautical publications (SOLAS reg.V/19.2.1.4 and V/27);
72. International Code of Signals and a copy of Volume III of IAMSAR Manual (SOLAS reg.V/21);
73. Records of navigational activities (SOLAS reg.V/26 and V/28.1);
74. Material Safety Data Sheets (MSDS) (SOLAS reg.VI/5-1);
75. AIS test report (SOLAS reg.V/18.9);
76. Ship Security Plan and associated records (SOLAS reg.XI-2/9 and ISPS Code part A/9 and 10);
77. International Energy Efficiency Certificate (MARPOL Annex VI reg.6);
78. Ozone-depleting Substances Record Book (MARPOL Annex VI reg.12.6);
79. Manufacturer's Operating Manual for Incinerators (MARPOL Annex VI reg.16.7);
80. Ship Energy Efficiency Management Plan (MARPOL Annex VI reg.22);
81. EEDI Technical File (MARPOL Annex VI, reg.20);
82. Noise Survey Report (SOLAS reg.II-1/3-12);
83. Ship-specific Plans and Procedures for Recovery of Persons from the Water (SOLAS reg.III/17-1);
84. Decision support system for masters (Passenger ships) (SOLAS reg.III/29);
85. Oil Discharge Monitoring and Control (ODMC) Operational Manual (MARPOL Annex I reg.31);
86. Cargo Information (SOLAS reg.VI/2 and XII/10);
87. Ship Structure Access Manual (SOLAS reg.II-1/3-6);
88. Crude Oil Washing Operation and Equipment Manual (MARPOL Annex I reg.35);

89. Subdivision and stability information (MARPOL Annex I reg.28);
90. STS Operation Plan and Records of STS Operations (MARPOL Annex I reg.41);
91. VOC Management Plan (MARPOL Annex VI reg.15.6);
92. Exemption Certificate (SOLAS reg.I/12);
93. Certificate of Insurance or other Financial Security in respect of Liability for the Removal of Wrecks (Removal of Wreck Article 12);
94. International Ballast Water Management Certificate (IBWMC) (BWMC Art 9.1(a) and reg.E-2);
95. Ballast Water Record Book (BWRB) (BWMC Art 9.1 (b) and reg.B-2).
96. Ballast Water Management Plan (BWMP) (BWMC reg.B-1)

그리고 위의 다양한 규정과 코드에 관한 참고문헌은 다음과 같다.

1. Certificate of Registry or other document of nationality (UNCLOS art.9.1.2);
2. Certificates as to the ship's hull strength and machinery installations issued by the classification society in question (only to be required if the ship maintains its class with a classification society);
3. Cargo Gear Record Book (ILO Convention No.32 art.9.2(4) and ILO Convention No.152 art.25);
4. Certificates loading and unloading equipment (ILO Convention No.134 art.4.3(e) and ILO Convention No.32 art.9(4));
5. Medical certificates (ILO Convention No.73 or MLC, 2006 Standard A1.2);
6. Records of hours of work or rest of seafarers (ILO Convention No.180 part II art. 8.1 or MLC, 2006, Standard A.2.3.12);
7. Maritime Labour Certificate (MLC, 2006, Regulation 5.1.3);
8. Declaration of Maritime Labour compliance (DMLC) on board (parts I

and II) (MLC, 2006, Regulation 5.1.3);

9. Seafarer's employment agreements (MLC, 2006, Standard A 2.1);
10. Certificate of Insurance or Financial Security for Repatriation of Seafarers (MLC, 2006, Regulation 2.5); and
11. Certificate of Insurance or Financial Security for Shipowners liability (MLC, 2006, Regulation 4.2).

제6장 PSC 관련 국제규정

Source: IMO (2020), Introduction to IMO, downloaded Sep. 13, 2020, (Web: http://www.imo.org/en/About/Pages/Default.aspx)

PSC 검사에는 다양하고 방대한 국제해사법이 적용되고 있음을 앞의 장에서 보았다.

PSC 검사에 적용되거나 PSC 검사 규정에 적용된 다양한 기관과 관련 규정을 간략하게 고찰한다.

- 저자 -

1. 개요

1.1 학습 목적

앞의 PSC 관련 내용을 설명하면서, 다양한 국제규정들이 등장한바 있다. 이러한 국제규정은 내용이 방대함으로 별도의 교육과정에서 학습해야 한다. 그러나 PSC의 올바른 이해를 위해서는 다양한 국제규정들의 탄생 배경과 목적 및 대강의 내용은 이해하고 있어야 한다.

제6장의 학습목적은, PSC 관련 다양한 국제규정을 학습하여 올바른 PSC 이해와 적용을 위한 것이다.

1.2 학습 내용

PSC 검사의 이해를 위해서는 PSC 관련 모든 국제규정이 필요하다. 그러나 이러한 모든 내용을 교재에 수록하는 것은 불가능하다. 제6장에서는, 일부 중요한 국제규정만 소개한다. 상세한 국제규정은 학습자들이 별도로 학습하기 바란다.

1.3 주요 내용

1. 해사관련 국제규정을 제정하고 검토하는 IMO의 설립 배경과 목적
2. 주요 해사국의 선급 단체인 세계선급협회 IACS의 설립 목적
3. SOLAS의 탄생 배경과 주요 개정내용
4. MLC의 소개와 주요 내용
5. MARPOL의 개정과 제정기관 등
6. STCW의 내용과 관련 코드
7. ISM과 ISPS 코드의 주요 내용과 배경 등

2. 국제법의 용어 이해

국제법에 등장하는 용어 중에는, 협약(conventions), 의정서 또는 프로토콜(protocols), 개정안(amendments) 등이 있는데, 이들 용어는 해운산업에서 광범위하게 사용되고 있다. 아울러 해운산업은 협약, 의정서, 개정안 등과 깊은 관계가 있다. 이러한 용어들의 차이를 다음과 같이 이해해 보자.

2.1 협약

협약(conventions)이란, IMO의 회원국들이 국제적인 약속이 필요하다고 제기된 사항에 대해서 동의한 결과물을 의미한다. 협약의 제정이 필요하다고 IMO에서 판단된 경우, IMO는 제기된 안건을 협의하기 위하여 회원국들을 회의에 초청한다. 회원국들은 제안된 다양한 현안에 대해서 논의한다. 논의에 대해서 동의된 결과는 '회의의 최종조항(Final Act of Conference)' 의 형태로 기록되어 협약으로 탄생하게 된다. 그리고 협약의 준수를 위한 기술적인 조항들이 규정(regulations)으로 명시된다.

2.2 의정서 또는 프로토콜

의정서 또는 프로토콜(protocols)이란, 협약이 변경될 때 개정된 조항을 의미한다. 주요한 개정안이 협약(conventions)에 따른 규정(regulations)에 통합되는 경우, 이 개정안에 대한 내용이 의정서의 형태로 나타나게 된다. 예를 들어, MARPOL 73/78의 의미는, 1973년에 통과된 협약에 대해서 1978년에 통과된 의정서를 의미한다. 즉, 1973년은 협약이었고, 1978년은 의정서가 된다.

2.3 개정 방법

협약(conventions)에 의해서 강제화 되는 규정(regulations)은 해운업계의 급속한 발전에 발맞춰 수시로 개정되어야 한다. 협약의 개정은 다음에 설명된 방법 중 하나에 의해서 이루어질 수 있다.

가) IMO 내부에서 검토 후 개정되는 경우

IMO와 계약한 정부가 제안한 개정안(amendments)은 관련 위원회에서 검토하기 이전에 최소한 6개월 동안 회원국들에게 회람된다. 회람이 종료된 후 IMO는 계약체결 정부를 대상으로 투표를 실시한다. 개정안은 투표에 참석한 계약 체결국들의 3분의 2의 동의를 얻은 경우 수용되고 발효된다.

나) IMO 총회에 의한 개정

IMO와 계약을 체결한 정부가 회의개최를 요청하고, 계약 체결국 정부의 3분의 1이 회의개최에 동의하면 회의가 개최된다. 개정안은 참석한 계약체결국의 3분의 2의 동의를 통해서 채택된다.

따라서 개정은, 협약(conventions), 의정서(protocols), 개정안(amendments) 등의 순서로 진행된다.

2.4 결의서

출처 : 해양수산부(2007), IMO를 활용한 해양강국 도약전략의 연구용역(최종보고서), 2007년 2월

IMO의 문서 중에는 결의서(resolutions), 코드(codes), 회람문서(circulars) 등eh 있다.

결의서는 IMO 총회와 이사회 그리고 각 위원회, SOLAS 당사국회의 등을 통한 회의결과 그리고 이러한 회의결과에 따라서 결정된 협약개정사항 등을 담고 있는 문서이다. IMO의 주요한 결의사항은 결의서(Resolutions)의 형태로 채택되는데, 총회나 위원회별로 [Res. + 약어. + 결의서 번호(회차)]의 형태로 표기된다. 예를 들면, Res. A.1119(30) 또는 Res. MSC.6(48) 등과 같이 표기된다. 이러한 결의서에는 '협약(Convention)' 또는 '코드(Code)' 등의 명칭이 붙여진다.

2.5 코드

코드(Code)는 협약의 기술 요건이 너무 방대하여 협약에 전부 수용할 수 없을 경우 독립된 문서로 해당 요건을 규정하기 위한 것이다. 코드에는 두

가지 종류가 있는데, 하나는 협약 본문에 코드의 근거를 두고 있는 강제코드(Mandatory code)이고, 다른 하나는 단순히 기술적 요건을 언급한 비강제 코드(Non-Mandatory code)이다. 강제코드의 예는 다음과 같다.

- 화물적부 코드(CSS), 국제 산적위험물 코드(IBCe), 산적위험물코드(BCH), 국제가스 코드(IGC), 선박과 항만보안 코드(ISPS), 선박관리코드 (ISM), 화재안전 코드(FSS), 화재시험 코드(FTP), 고속선 코드(HSC), 구명설비 코드(LSA), 선원훈련자격 코드의 A편(STCW Code Part A), 산화질소함유량 코드(NOX), 곡물운송 코드(Grain) 등

2.6 회람

회람(Circulars)은 IMO에서 각 회원국에게 공지사항을 알릴 때 사용하는 문서 또는 각종 지침서 등이다. 각 위원회, 각 전문위원회 또는 협약별로 [약어/Circ.번호]의 형태로 각 회람문서를 표기한다. 예를 들어, MSC/Circ.810 또는 CLC/Circ.34 등과 같다.

3. IMO

3.1 탄생 배경

세계 역사의 모든 발전은 시간에 따라서 등장하는 다양한 요인들에 의해서 전개되었는데, 국제해사기구(International maritime organization, IMO)의 설립 역시 이러한 시대 흐름에 따라서 설립된 것이다. 다음 그림은 IMO 본부의 모습이다.

그림 58. IMO(2020), Introduction to IMO, downloaded Sep. 13, 2020, Web: http://www.imo.org/en/About/Pages/Default.aspx

전 세계적으로 번창해 온 다양한 산업 중에서, 해상운송은 진정한 의미에서 환경을 고려한 효과적인 국제산업이다. 현재 선박들은 깨끗하고 효과적으로 세계 무역의 90% 이상을 서비스하고 있다.

한편, 국제항해에 종사하는 선박들은 해상운송 특성상 다수의 국가가 서로 연결된 고리의 형태로 지배될 수 있고, 대부분의 시간을 다양한 국가의 관할권에서 보낸다. 그래서 국제 사회의 질서유지와 해양보호라는 측면에서 규칙과 표준을 정립할 수 있는 보편적인 통치기구의 필요성이 제기되었고, 이에 IMO가 탄생하게 되었다.

국가 간 최초의 국제조약은 해상에서의 인명안전 조약(SOLAS)으로 거슬러 올라갈 수 있다. 몇 개국이 채택한 SOLAS는 타이타닉(Titanic) 사고 이전에 형성된 것이다. 비록 IMO가 1948년 제네바에서 설립됐지만 1959년까지 IMO의 본부가 있는 런던에서 회의는 개최되지 않았다. 그러나 타이타닉 사고를 계기로 전 세계는 국제적인 규칙과 표준 제정에 관한 필요성을 인식하게 되었고, 그 결과 IMO는 현재, 세계 해양을 통치하는 하나의 기구로서 역할을 담당하게 되었다.

IMO의 주요 임무와 책임은, 해운산업과 해양안보, 해양안전, 기술의 공조, 해양환경, 법률 등의 활동에 대한 규제와 정책의 종합적인 틀을 개발하고 보존하는 것이다. 현재 IMO는 현대사회가 요구하는 건강한 상업 및 운송환경을 향해 나아가는 데 매우 중요한 역할을 하고 있다.

3.2 위원회 구성

IMO 산하에는 5개의 위원회가 있고, 이 중에서 해사안전위원회의 경우는 역할이 중요하기 때문에 다시 9개의 소위원회로 세분되어 있다.

3.2.1 해사안전위원회

해사안전위원회(Maritime Safety Committee, MSC)는 항로표지, 선박의 설계, 건조, 의장품 등에 관한 국제적 기준을 마련하여 여객, 화물 및 선박의 안전 확보를 도모하기 위한 위원회이다.

또한, 화물의 안전한 적재 및 취급을 위한 각종 기준을 제정하고 있으며, 선박 안전항해에 관한 선원의 훈련 및 자격기준과 해상에서의 충돌방지를 위한 항행규칙 및 해상에서의 수색과 구조에 관한 규칙을 제정한다. MSC는 모두 9개의 소위원회로 세분되어 있다.

1. 항해안전소위원회(NAV로 칭함) : 1972 COLREG, SOLAS 제5장(항해의 안전) 등에 관해서 다룬다.
2. 무선통신 및 수색구조 소위원회(COMSAR라 칭함) : 선박통신, 조난 시

수색과 구조에 관련된 모든 사항을 다룬다. 또한 SOLAS 제4장(무선통신)의 GMDSS, SAR 등과 관련된 규정을 중점 검토한다.

3. 선원훈련 및 당직기준 소위원회(STW) : STCW 규정 및 협약에서 요구되는 선원의 훈련, 당직 및 증서발급 등과 관련된 규정들을 검토한다.

4. 선박설계 및 설비 소위원회(DE) : 선박 및 해양구조물의 구조, 강도, 선형 및 각종 설비(구명설비 포함) 등에 관한 사항을 다룬다. 아울러, 1966 LL, 1969 TONNAGE, SOLAS II-1장(구조, 복원성, 기관 및 전기설비), SOLAS 제3장(구명설비 및 장치) 등에 관한 관련 규정을 다룬다.

5. 복원성, 만재흘수선 및 어선안전소위원회(SLF) : 1966 LL, 1969 TONNAG, SOLAS II-1장의 관련 규정 및 어선 안전에 관한 토레몰리노스 협약(SFV)의 제반 규정 등을 검토한다.

6. 방화소위원회(FP) : 방화, 화재탐지, 소화 등에 관한 사항을 담당하고, SOLAS II-2장(구조-방화, 화재탐지 및 소화)에 관한 관련규정을 검토한다.

7. 산적액체 및 가스화물 소위원회(BLG) : 화학물의 산적운송에 관한 사항을 담당하고, SOLAS 제7장(위험물의 운송), MARPOL 73/78의 부속서 II (산적 유해 액체물질의 오염방지) 및 대기오염 방지를 위한 새로운 부속서, IBC, IGC, BCH 코드 등의 관련 규정을 검토한다.

8. 위험물, 고체화물 및 컨테이너 소위원회(DSC) : 포장형태 또는 산적 고체 형태로 운송되는 위험물, 컨테이너를 포함한 각종 화물의 안전한 적재, 고박 및 운송에 관한 사항을 다룬다. 또한, IMDG 코드, MARPOL 73/78의 부속서 III(포장된 형태로 운송되는 유해물질 오염방지), SOLAS 6장(화물의 운송), 안전한 컨테이너에 관한 국제협약(CSC) 및 관련 코드 등의 제반 규정을 검토한다.

9. 기국준수 소위원회(FSI) : IMO가 추구하는 해상안전과 해양환경 보호를 목적으로 각국이 동질의 협약준수 수준을 갖추어 IMO의 협약과 관련 법규의 실질적인 시행을 확보하기 위한 업무를 담당한다. 또한, SOLAS 제9장(선박의 안전운항 관리)의 항만국통제, 기국협약 준수사항, 세계해난의 조사업무 등을 다룬다.

3.2.2 해양환경보호 위원회

해양환경보호 위원회(Marine Environment Protection Committee, MEPC)는, 선박에 의한 해양오염의 방지 및 규제를 심의하고 관련 국제협약의 채택 및 개정에 관한 일을 수행한다. 이 위원회의 설립계기는 다음과 같다.

1967년 도버 해협에서 원유운반선 토리케넌(Torry Canyon)호가 좌초되어 대량 유류오염사고가 발생하였다. 이 사고로 119,328톤의 쿠웨이트 산 원유가 해상에 유출되고, 이를 계기로 1973년 IMCO(IMO의 전신)에 MEPC가 설립되게 되었다. MEPC 산하에는 다음과 같은 2개의 소위원회가 있다.

1. 산적 화합물 소위원회(BCH)
2. 기국협약 준수 소위원회(FSI)

3.2.3 법률위원회

법률위원회(Legal Committee, LEG)는 Torry Canyon호 사고에 따른 피해보상 등 법률적 제반 문제를 다루기 위하여 임시로 설치되었으나 그 후 정식 위원회로 구축되었다. LEG에서는, 해상운송에서 야기되는 오염손해에 관한 책임과 보상, 구조 및 원조, 외국 항에 있는 선박, 여객 및 수하물 등에 관한 제반 법적 문제를 다루고 있다.

3.2.4 간소화 위원회

간소화 위원회(Facilitation Committee, FAL)는 1965년 국제해상운송간소화 협약에 관련된 문제를 토의하기 위한 IMO 산하의 위원회이다. FAL에서는, 항만 사이의 자유로운 해상교역을 촉진하기 위한 국제적인 절차를 마련하고, 국제항해 시에 요구되는 제반서류 및 수속절차를 간소화하고 표준화하기 위한 국제적인 문제를 다루고 있다.

3.2.5 기술협력 위원회

기술협력위원회(Technical Cooperation Committee, TC)는 개발도상국에 대한 기술협력 사업 등에 관한 기술과 관련 현안문제를 다루고 있다.

4. IACS

국제선급협회(International Association of Classification Societies, IACS)는 세계적으로 저명하고 인증된 선급들이 가입되어 있는 협회이다. 세계 상선 운송 톤수의 90% 이상이 IACS의 12개 회원사에 의해서 운송되고 있다.

IACS는 안전한 선박과 깨끗한 바다를 위해 헌신하면서 기술지원, 적합성 검증, 연구개발을 통해 해양안전과 규정에 대해서 독특하게 기여하고 있다.

IACS는 안전과 오염방지에 엄격한 기준을 촉진하고 해운산업 및 단체와 긴밀히 연락하기 위해 1968년에 설립되었다. IACS의 활동범위는 표준 이하의 선박을 제거하고 선박 설계와 운영의 정교함을 증가시키는 것까지 확장되어 있다.

IACS 회원은 ABS(미국), BV(프랑스), CCS(중국), CRS(크로아티아), DNV GL(독일), IRS(인도), KR(한국), LR(영국), PRS(폴란드), RINA(이탈리아), RINA(러시아) 등이 있다.

다음 그림은 IACS 홈페이지를 나타낸다.

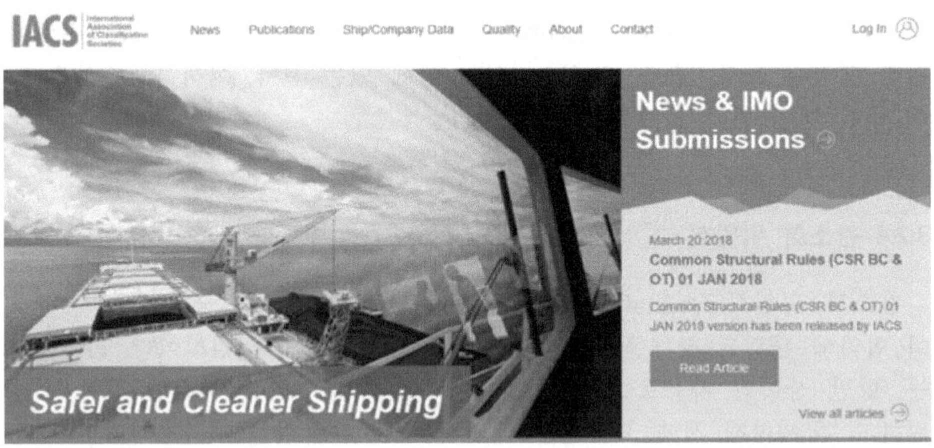

그림 59. IACS(2020), Homepage, downloaded Sep. 13, 2020, Web: http://www.iacs.org.uk/

5. 1974 SOLAS

5.1 1974 SOLA의 배경

해상에서의 인명안전을 위한 국제협약(International Convention for the Safety of Life at Sea, 1974, 1974 SOLAS)은 상선 안전에 관한 모든 국제조약 중 가장 중요한 조약으로 간주된다. SOLAS는 1974년 11월 1일에 채택되어 1980년 5월 25일 발효되었다. 그래서 SOLAS 1974로 칭하는 것이다.

1974 SOLAS의 초기 버전은 1914년에 채택되었고, 제2차 버전은 1929년, 제3차 버전은 1948년, 제4차 버전은 1960년에 채택되었다. 그 후 1974년 SOLAS가 체결되었는데, 특이한 것으로, 1974년 버전은 암묵적 수용절차를 포함하고 있다는 것이다. 이러한 수용절차는 개정 날짜 이전에 합의된 다수의 당사자들로부터 수정안에 대한 반대의견을 받지 않는 한, 개정은 지정된 날짜에 발효되어야 한다고 규정하고 있다.

1974년 협약은 여러 번 갱신되고 개정되었는데, 오늘날 시행되고 있는 협약은 1974년에 개정된 SOLAS로 언급되기도 한다.

SOLAS 협약의 주요목적은 선박안전에 적합한 선박의 건조, 장비, 운항 등에 관한 최소한의 기준을 규정하기 위한 것이다. 기국은 기국에 속하는 선박들이 해당 요건을 준수하도록 보장할 책임이 있으며, 이러한 조치가 이루어졌다는 증거로서 SOLAS에는 많은 인증서(또는 증서)가 규정되어 있다.

또한 SOLAS는, 각종 규제를 위한 조항들은, '선박과 그 장비가 협약의 요건을 실질적으로 준수하지 않는다고 믿을 수 있는 명확한 근거(clear grounds)가 있는 경우 계약국 정부(Contracting Governments)가 다른 체약국(Contracting States)의 선박을 검사할 수 있도록' 허용하고 있다. 이러한 절차는 항만국통제(Port State Control)로 알려져 있다.

현행 SOLAS 협약에는 일반적인 의무사항과 개정절차 등을 정하는 조항이 포함되며, 총 14개의 장(Chapter)으로 구분된 부속서(Annex)가 그 뒤를 따르고 있다. 그 내용은 다음과 같다.

5.2 제1장 일반조항

제1장의 일반조항(Chapter I - General Provisions)에는, 다양한 종류의 선박검사 규정과 선박이 SOLAS 협약의 요건을 충족함을 나타내는 문서발행에 관한 규정이 포함되어 있다. 또한 제1장에는 다른 체약국 정부(Contracting Governments)의 항만에서의 선박통제에 관한 규정도 포함되어 있다.

5.3 제2장 선박 건조와 화재방지

SOLAS 제2장은 제2장의 1(선박 건조)과 제2장의 2(화재방지, 화재검출, 소화)로 구분되어 있다.

5.3.1 제2장의 1(선박 건조)

SOLAS 제2장의 1은 선박의 건조에 관한 것으로 선박의 구획, 안전성, 기계 및 전기설비(Chapter II-1 Construction: Subdivision and stability, machinery and electrical installations)에 관한 규정이 명시되어 있다. SOLAS 제2장의 1에는 여객선에 관한 주요사항이 다음과 같이 기술되어 있다.

1. 여객선에서 수밀 구획(watertight compartment)을 분할하는 경우, 여객선의 선체에 손상이 발생하더라도 여객선은 부양될 수 있어야 하고 안전성을 유지할 수 있도록 해야 한다.
2. 여객선에 대한 수밀 무결성(integrity)과 빌지를 퍼낼 준비에 관한 요구사항도 규정되어 있는데, 여기에는 여객선과 화물선 모두의 안정성에 요구되는 사항도 포함되어 있다.
3. 인접한 두 벌크헤드(bulkheads) 사이의 최대 허용거리로 측정된 수밀구획의 정도는 선박 길이와 운항 서비스에 따라서 달라지는데, 여객선에는 최고 등급이 부여되어 있다.
4. 전기 기계적인 설비에 관한 요구사항의 경우, 선박과 승객 그리고 승무원들의 안전에 필수적인 서비스가 다양한 비상조건에서도 유지될 수 있도록 설계되어 있어야 한다.

아울러, 유조선과 벌크선의 경우에는 다음의 주요한 사항이 명시되어 있다.

1. 유조선과 벌크선박에 대한 '목표기반 표준(Goal-based standards, GBS)' 이라는 규정이 2010년에 채택되었다.
2. GBS에 따르면, 신규 선박은 지정된 설계수명(design life)에 맞추어 설계 및 건조되어야 하고, 설계수명기간 동안 결함이 없고, 지정된 손상조건에서 안전하고 친환경적이어야 한다.
3. 선박은, 침수 또는 수밀 무결성의 훼손을 야기할 수 있는 구조적인 붕괴와 고장 등으로 인하여 발생할 수 있는 선박손실과 해양환경오염 등의 위험이 최소화될 수 있도록 GBS에 의거하여 적절한 강도와 무결성, 안정성 등을 갖추어야 한다.

5.3.2 제2장의 2(화재방지)

SOLAS 제2장의 2는 화재방지, 화재감지, 소하(Chapter II-2 - Fire protection, fire detection and fire extinction)에 관해서 명시되어 있다.

이 조항에는, 모든 선박에 대한 상세한 화재안전 규정과 여객선, 화물선 및 유조선 등에 대한 구체적인 화재방지 수단이 포함되어 있다. 이러한 조항에는 다음과 같은 원칙이 포함되어 있다.

- 선박을 메인구역과 수직구역으로 구분하는 경우, 열에 의한 경계와 구조에 의한 경계로 분할하는 원칙 그리고 그 외 거주공간의 분리 원칙
- 가연성 물질의 사용제한, 발화 구역의 화재감지, 모든 발화 공간에서의 소화, 소방을 목적으로 하는 탈출 및 접근 수단의 보호, 소화 장치의 설치, 인화성 화물 증기(vapour)의 폭발 가능성 최소화 등의 원칙

5.4 제3장 인명구조장비

SOLAS 제3장은 인명구조장비와 설치(Chapter III - Life-saving appliances and arrangements)에 관하여 명시되어 있는데, 여기에는 선박의 종류에 따른 구명정(life boats), 구조정(rescue boats), 구명조끼(life jackets) 등에 관한 요구사항이 포함되어 있다.

제3장에서 중요한 것은 인명구조장비 코드(Life-Saving Appliance Code, LSA)이다. LSA 코드는 규정 34에 따른 강제사항으로, LSA에 대한 특정한 기술요건이 명시되어 있다. 규정 34에는 '모든 인명구조장비와 설치는 LSA 코드의 해당 요건을 준수해야 한다.' 고 명시되어 있다.

5.5 제4장 무선통신장치

SOLAS 제4장은 무선통신장치(Chapter Ⅳ - Radio-communications)에 관한 규정이 명시되어 있는데 여기에는 전 세계 해상조난 및 안전 시스템(Global Maritime Distress and Safety System, GMDSS)이 통합되어 있다.

모든 여객선과 300톤 이상 국제항해에 종사하는 모든 화물선은, 사고가 발생하는 경우 구조 가능성을 높이기 위해 설계된 장비를 설치해야 한다. 이러한 장비의 대표적인 것에는, 선박과 생존정(survival craft)에 대한 비상위치표시무선비콘(Emergency Position Indicating Radio Beacons, EPIRBs - 이것은 인공위성을 이용하여 위치를 전송하는 무선장치이다)과 수색구조트랜스폰더(search and rescue transponders, SARTs - 이것은 레이더에서 탐지되어 비콘이 표시되기 위한 무선장치이다)가 있다.

이러한 제4장에서는 무선통신장비의 설치요건뿐만 아니라 무선통신 서비스를 제공하기 위한 계약정부의 의무에 대해서도 다루고 있다. 그래서 제4장은 국제전기통신연합(International Telecommunication Union, ITU)의 무선규정과 밀접하게 연결되어 있다.

5.6 제5장 항해 안전

SOLAS 제5장은 항해 안전(Chapter Ⅴ - Safety of navigation)에 관한 것으로 항해사들에게는 가장 중요한 규정이 명시되어 있다. 포함되어 있는 주요한 내용은 다음과 같다.

1. 계약국 정부가 제공해야 하는 항해안전 서비스가 제시되어 있다.
2. 항해에 종사하는 모든 선박에 일반적으로 적용할 수 있는 운항 규정이 명시되어 있는데, 이 내용은 국제항해에 종사하는 특정 등급의 선박에만 적용되는 SOLA 협약 전체와는 대조적인 것이다.

3. 그리고 기상 서비스의 유지, 빙하지역에서의 순찰(ice patrol) 서비스, 선박항로지정(routing of ships), 수색구조 서비스의 유지 등도 포함되어 있다.
4. 또한, 조난을 당했을 때 도움을 청하기 위한 선장의 일반적인 의무와 모든 선박이 안전관점에서 충분하고 효율적으로 관리될 수 있는 계약국 정부의 일반적인 의무사항도 포함되어 있다.
5. 아울러, 항해데이터기록장치(voyage data recorders, VDR)와 자동선박식별장치(automatic ship identification systems, AIS)의 설치에 관한 의무사항도 포함되어 있다.

5.7 제6장 화물 운송

SOLAS 제6장은 화물 운송(Chapter VI - Carriage of Cargoes)에 관한 것으로 모든 종류의 화물을 다루는데, 산적 액체와 가스는 다음과 같이 제외된다. 주요한 내용은 다음과 같다.

1. 산적 액체와 가스의 경우는 선박 또는 사람에 대한 특별한 위험 때문에 특별한 예방조치가 필요할 수 있어서 제6장에서 제외되어 있다.
2. 아울러 규정에는 화물 또는 컨테이너와 같은 화물장치의 적재와 고박에 관한 요건이 포함되어 있다.
3. 그리고 제6장에는 곡물운반 화물선이 국제곡물 코드(International Grain Code)를 준수하도록 규정하고 있다.

5.8 제7장 위험물 운송

SOLAS 제7장은 위험물 운송(Chapter VII - Carriage of dangerous goods, DG)에 관한 것으로, 다음과 같은 네 부분으로 구성된다.

5.8.1 파트 A (포장 및 고체 위험물)

파트 A(Part A)는 포장된 형태의 위험물 운송에 관한 것으로 주요한 내용은 다음과 같다.

1. 파트 A에는 위험물의 분류, 포장, 표시, 라벨표시 및 게시(placarding), 문서화 및 보관 등에 관한 규정이 포함되어 있다.
2. 파트 A에 명시된 화물운송의 경우, IMO 협약 체결 국가들은 국가 차원에서의 지침서 발행이 요구된다.
3. 그리고 제7장에는 IMO가 개발한 국제해상위험물 코드(International Maritime Dangerous Goods Code, IMDG Code)가 강제규정으로 명시되어 있는데, 이 코드는 새로운 위험물을 수용하기 위하여 지속적으로 최신의 것으로 수정되고, 기존 조항이 보완 또는 개정된다.

아울러 파트 A와 별도로 파트 A-1이 있는데, 이것은 고체형태(solid form)의 산적 위험물 운송에 관한 조항을 담고 있다. 그리고 이러한 화물에 대한 문서화, 적재 및 분리 등의 요건이 포함되고, 이러한 물품과 관련된 사고는 보고될 것이 요구되어 있다.

5.8.2 파트 B (위험 액체화학물)

파트 B(Part B)는 산적 위험 액체 화학물을 운송하는 선박의 건조 및 장비에 관해서 다루고 있다. 케미컬탱커의 경우는 국제산적화학물 코드(International Bulk Chemical Code, IBC Code)를 준수해야 한다.

5.8.3 파트 C (액화가스)

파트 C(Part C)는 국제가스운송 코드(International Gas Carrier Code, IGC Code)의 요건을 준수하기 위한 산적 액화가스 운반선의 건설 및 장비를 다룬다.

5.8.4 파트 D (사용 후 핵연료)

파트 D(Part D)는 포장되어 있는 사용 후 핵연료, 플루토늄 및 고준위 방사성 폐기물의 선박운송을 위한 특별 요건을 포함하고 있으며, 이러한 제품을 운송하는 선박은 다음 규정을 준수해야 한다.

- 포장된 형태의 사용 후 핵연료, 플루토늄 및 고준위 방사성 폐기물의

안전한 선박운송을 위한 국제 코드(INF Code)' - International Code for the Safe Carriage of Packaged Irradiated Nuclear Fuel, Plutonium and High-Level Radioactive Wastes on Board Ships (INF Code).

아울러, 제7장에는 이러한 위험물 운송이 IMDG Code의 관련 규정을 준수하도록 요구하고 있다.

5.9 제8장 핵추진 선박

SOLAS 제8장은 핵추진 선박(Chapter VIII - Nuclear ships)에 관한 것으로, 핵추진 선박의 기본요건이 명시되어 있다. 그리고 방사선 위험이 고려되어 있는데, 이것은 1981년 IMO 총회에 의해서 채택된 원자력 상선에 관한 안전 코드(Code of Safety for Nuclear Merchant Ships)를 참고한 것이다.

5.10 제9장 안전운항 관리

SOLAS 제10장은 선박 안전운항관리(IX - Management for the Safe Operation of Ships)에 관한 것으로, 선주 또는 선박 책임자가 안전관리 시스템을 구축하도록 요구하는 국제안전관리 코드(International Safety Management Code, ISM Code)를 의무화하고 있다.

5.11 제10장 일반조항

SOLAS 제10장은 고속정 안전수단(Chapter X - Safety measures for high-speed craft)에 관한 것으로 제10장에 고속정 안전의 국제코드(International Code of Safety for High-Speed Craft, HSC Code)가 강제화되어 있다.

5.12 기타 조항

- SOLAS 제11장은 길이 150m 이상의 산적운반선의 추가 안전조치

(Chapter XII - Additional safety measures for bulk carriers)를 다루고 있다.

- SOLAS 제12장은 SOLAS 규정 준수의 검증(Chapter XIII - Verification of compliance)에 관해서 다루고 있다.
- SOLAS 제13장은 극지수역에서 운항하는 선박에 대한 안전조치(Chapter XIV -Safety measures for ships operating in polar waters)에 대해서 다루고 있다.

6. MLC

해사노동협약(Maritime Labour Convention, MLC)은 국제노동기구(International Labour Organization, ILO)의 186번 협약이다. 다음 그림은 ILO의 홈페이지를 나타낸다.

그림 60. ILO(2020), Homepage, downloaded Sep. 13, 2020, Web: https://www.ilo.org/global/lang--en/index.htm

MLC는 2006년에 제정된 것으로, SOLAS, STCW, MARPOL 등에 이어서 제정된 네 번째 국제해사법이다. 그리고 MLC는 기존 국제해사노동협약과 권고안의 모든 최신 표준과 다른 국제노동협약에서 명시되어 있는 기본적인 원칙을 근간으로 한 것이다.

MLC는 조약(항만국)의 당사국 항구에 들어오는 모든 선박과 기국의 국기를 게양한 모든 기국에 적용된다(2013년의 경우에는 기국의 50%에 해당).

MLC는 2013년 8월 20일에 강제화 되었는데, 세계 선박 총톤수의 33% 이상을 대표하는 30개국에서 비준된 후 1년 만에 강제화된 것이다. 아울러 2013년 이전에 이미 세계 선박 총톤수의 43% 이상을 대표하는 5개 국가(바하마, 노르웨이, 라이베리아, 마셜제도, 파나마)는 비준을 완료한 바 있다. 2017년 8월 현재, MLC는 세계 해운의 89% 이상을 차지하는 84개 국가가 비준을 마쳤다.

현재, MLC는 세계적으로 비준이 완료되어 있지 않지만, 서명국 항구에 입항을 시도하는 비서명국 선박들이 MLC를 준수하지 않을 경우 체포(arrest)와 처벌(penalties)을 받을 수 있기 때문에 광범위한 효력을 가진다.

MLC는 코드뿐만 아니라 일반조항까지 포함한 16개 조항으로 구성된다. 코드는 다음과 같이 표준으로 분류된 특정 조항들이 5개의 제목으로 구성되어 있다.

- 제목 1 : 선원이 선박에서 작업할 수 있는 최소 요건/ Title 1: Minimum requirements for seafarers to work on a ship
- 제목 2 : 취업 조건 / Title 2: Conditions of employment
- 제목 3 : 거주, 레크리에이션 시설, 식량과 음식제공 / Title 3: Accommodation, recreational facilities, food and catering
- 제목 4 : 건강보호, 의료, 복지 및 사회보장 / Title 4: Health protection, medical care, welfare and social security protection
- 제목 5 : 규정 준수와 시행 / Title 5: Compliance and enforcement

7. MARPOL

선박오염방지를 위한 국제협약(International Convention for the Prevention of Pollution from Ships, MARPOL)은, 선박의 운항 또는 해양사고에 의해서 발생할 수 있는 해양환경오염방지를 주요내용으로 하는 국제협약이다. 1973년 MARPOL 협약이 채택된 후 2005년까지의 경과사항은 다음과 같다.

1. 1973년 11월 2일에 IMO에서 MARPOL 협약이 채택되었다.
2. 1978년에 의정서가 채택되었는데, 이것은 1976년부터 1977년까지 급증한 유조선 사고에 대응하기 위하여 채택되었다. 이 때, 1973년 MARPOL 협약은 아직 발효되지 않았기 때문에 1978년 MARPOL 의정서에 1973년 MARPOL 협약의 모체가 흡수되었다.
3. 1983년 10월 2일에 1973년 협약서와 1978년 의정서가 조합된 MARPOL 협약이 발효되었다.
4. 1997년에 협약을 개정하기 위한 의정서가 채택되었고, 개정된 협약은 2005년 5월 19일에 새로운 부속서 6이 추가되고 발효되었다.

그 후, MARPOL은 수년간 개정안에 의해서 갱신되고 있는 중이다. 그리고 MARPOL 73/78에 대한 개정사항은, IMO의 다자간협약상황(Status of Multilateral Conventions)에 나타낸 참고자료에서 확인할 수 있다. 아울러 이에 관련된 다음의 의결서는 IMO 의결서 색인에서 찾아볼 수 있다.

① TSPP/CONF : 1978년 2월 8일부터 17일까지 개최된 유조선 안전과 오염방지를 위한 국제회의(International Conference on Tanker Safety and Pollution Prevention, TSPP). 참고로, TSPP는 1974년 해상에서의 인명안전을 위한 국제협약(International Convention for the Safety of Life at Sea, 1974)과 관련된 1978년 의정서 그리고 1973년 선박오염방지를 위한 국제협약(International Convention for the Prevention of Pollution from Ships, 1973)과 관련된 의정서 등에 의해서 채택된 것이다.

② MP/CONF.2 : 1978년 의정서로부터 1994년 1차와 3차에 걸쳐서 개정된 1973년 선박오염방지를 위한 국제협약에 관한 당사국회의(Conference of Parties to the International Convention for the Prevention of Pollution from Ships, 1973).

③ MP/CONF.3 : 1978년 의정서로부터 1997년 9월에 여러 번 개정된 선박 오염방지를 위한 국제협약에 관한 당사국 회의(Conference of Parties to the International Convention for the Prevention of Pollution from Ships, 1973).

8. STCW

8.1 STCW 협약

1978년 선원의 훈련과 자격인증 및 당직의 표준에 관한 국제협약(International Convention on Standards of Training, Certification and Watch-keeping for Seafarers, 1978, STCW 1978)은 1978년 7월 7일에 채택되어 1984년 4월 28일에 발효되었다.

이 협약은, 해상에서의 생명과 재산의 안전을 증진하고 해양 환경을 보호하기 위하여, 선원에 관한 훈련과 자격인증 및 당직에 관해서 공통적으로 동의하는 국제 표준을 제정하려는 것이다.

8.1.1 STCW의 개정 절차

1978년 STCW 협약의 기술 부속서(technical Annex)의 개정은 STCW 당사국회의 또는 IMO의 해사안전위원회(Maritime Safety Committee)가 채택할 수 있으며, 이 중 일부는 IMO의 멤버가 아닐 수 있다.

STCW 부속서의 개정은 일반적으로 모든 당사국에 전달된 후 1년 6개월 후에 발효되는데, 단, 당사국의 3분의 1에 의해서 또는 세계 톤수의 50%를 차지하는 선대를 갖는 당사국들에 의해서 거부되지 않는 한 발효된다. 따라서 STCW의 부속서는 위의 단서 조항에 해당되지 않는 한, 자동으로 발효됨을 명심해야 한다.

8.1.2 STCW의 마닐라 개정서

STCW 협약과 코드는 2010년 필리핀 마닐라(Manila)에서 채택된 개정안에 의해서 매우 중요한 내용이 개정되었다. 중요한 내용임으로 숙지하기 바란다. 2010년 6월 25일에 STCW 협약과 코드에 대한 마닐라 개정안이 채택되었고, 이를 통해서 STCW 협약과 코드의 주요한 개정이 이루어졌다.

2010년 마닐라 개정안은 묵시적 수용절차(tacit acceptance procedure - 일정한 기준 이상의 반대가 없는 한, 자동으로 발표됨을 의미)에 따라서

2012년 1월 1일부터 시행될 예정이다.

이러한 마닐라 개정안의 목적은, 협약과 코드가 처음 채택된 이후 발전된 내용을 최신의 상태로 유지하고, 예측 가능한 미래에 발생할 것으로 예상되는 문제들을 다루기 위한 것이다.

채택된 수정안들 중에서 중요한 변경사항은 다음과 같다.

1. 선원의 능력(competence) 인증과 관련된 사기행위(fraudulent practices)를 방지하고 선원의 평가 프로세스를 강화(당사국의 협약 준수 여부의 모니터링을 통해서) 등을 위한 개선된 조치
2. 근무시간과 휴식시간에 대해서 개정된 요구사항과 약물과 알코올 남용(alcohol abuse)의 방지를 위한 새로운 요구사항, 선원을 위한 의료적합성 표준과 관련하여 업데이트된 표준
3. 능력 있는 선원을 위한 새로운 인증요건
4. 전자해도 및 정보 시스템(electronic charts and information systems, ECDIS)과 같은 현대적인 기술에 대한 훈련과 관련된 새로운 요구사항
5. 리더십(leadership)과 팀워크(teamwork)의 훈련과 해양환경인식 훈련에 대한 새로운 요구사항
6. 전기기술사관(electro-technical officers, ETO)을 위한 새로운 훈련과 자격 요건
7. 액화가스 유조선에 종사하는 사람에 관한 새로운 요구사항을 포함하여 모든 유형의 유조선에 탑승한 사람에 관한 역량 요건의 갱신
8. 보안훈련뿐만 아니라 선박이 해적(pirate)으로부터 공격받을 때 선원들이 적절히 대처할 수 있게 하는 조항 등에 관한 새로운 요구사항
9. <u>**원격학습(distance learning)**</u>과 <u>**웹-기반학습(web-based learning)**</u>을 포함한 현대적 훈련방법론의 도입
10. 극지해역을 운항하는 선박에 탑승한 선원들에 대한 새로운 훈련지침
11. 동적위치제어 시스템(Dynamic Positioning Systems, DPS)을 운영하는 사람을 위한 새로운 훈련지침

8.2 STCW 코드

STCW 협약에 포함되어 있는 규정들은 STCW 코드에 의해서 설명되어 있다. 일반적으로, STCW 협약에는 기본적인 요건들만 포함되어 있고, 상세한 내용은 STCW 코드에 의해서 확장되고 설명된다.

8.2.1 STCW 코드의 구성

STCW 코드는 파트 A와 B로 구분되어 있다.

STCW 코드의 파트 A(Part A)는 강제사항이다. 파트 A는 선원에 관한 능력의 최소기준을 일련의 표(table)로 상세하게 제시하고 있다. 예를 들어, 코드의 제2장은 선장과 갑판사관에 관한 표준을 다루고 있다.

STCW 코드의 파트 B(Part B)는 권고사항이다. 파트 B에는 당사국들이 협약을 준수하기 위하여 필요한 사항을 지원하기 위하여 권장된 지침이 포함되어 있다. 제시된 수단들은 의무사항이 아니며 제시된 예(example)는 어떻게 특정 협약 요건들을 준수할 수 있는지를 설명하기 위한 것일 뿐이다. 그러나 이 권고사항은 IMO 내에서 논의와 다른 국제기구와의 협의 등에 의한 조화로운 접근방식을 나타낸 것임으로 단순한 예로 볼 수 없다.

8.2.2 훈련의 승인

STCW 협약은 자격증을 발급하는 훈련에 대해서 '승인(approved)' 받도록 규정하고 있다. 여기서 특이한 것은, IMO는 어떤 훈련과정 또는 기관에 대해서 승인하지 않는다는 것인데, 이에 대해서 이러한 훈련은 STCW 협약의 당사국 정부의 특권과 책임으로 정해져 있다.

이러한 승인은 통상 협약의 요건에 따라서 STCW 당사국 해사행정부에 의해서 이루어진다. 무엇보다도 이 협약은 STCW 코드의 규정에 따라서 선원의 훈련과 평가가 관리, 감독 및 감시되도록 규정하고 있고, 선원의 역량에 관한 훈련과 평가는 STCW 코드 규정에 따라서 적절하게 증명되어야 한다.

해사행정부에 의해서 만들어진 해사훈련 프로그램의 초기승인은 해사훈련기관(maritime training institutions) 또는 훈련 프로그램이 적절한 STCW

협약 표준을 충족하는지 확인되어야 한다. 이러한 항목들은 다음과 같다.

1. 교육의 범위 및 목표 - 예를 들어, STCW 규정 II/1의 요구사항의 충족 / Scope and objectives of the training (e.g. to meet the requirements of STCW regulation II/1)
2. 최소 참가기준 - 나이, 해상경험, 기타 훈련, 의료 적합성 등 / Minimum entry standards - age, sea experience, other training, medical fitness etc.
3. 입학제한, 학생과 직원 비율 등 / Intake limitations, student/staff ratio etc.
4. 직원의 자격, 과목의 경험, 강의기술, 평가기술 / Staff qualifications, experience in subject, teaching skills, assessment skills
5. 목표달성에 필요한 시설 및 장비 / Facilities and equipment necessary to meet objectives
6. 교육 프로그램, 강의계획표, 시간표 및 강의자료 / The written programmes, syllabus, timetable and course material
7. 훈련방법 - 강의, 실습, 영상 등과 각자에게 할당된 시간의 비율 / Method of training: lectures, practical, videos etc and percentage of time devoted to each
8. 평가방법 - 심사, 실기, 지속적인 평가 등 / Assessment methods: examination, practical, continuous assessment etc.
9. STCW 요건에 부합하는 훈련완료 시 발급되는 인증서 / Certification to be issued on completion to meet STCW requirements
10. 학생과 기타 기록의 유지관리 / Maintenance of student and other records.
11. 정보의 보안 - 표준의 유지를 위한 품질표준 시스템 요구사항 / Quality standards system requirements to ensure standards are maintained

9. ISM Code

9.1.1 ISM 코드란?

선박에 관한 국제안전관리코드(International Safety Management Code, ISM Code)에 대해서 설명하면 다음과 같다.

다음 그림은 IMO(2020)에서 간행한 ISM Code 책자를 나타낸다. (출처: IMO(2020), Code and Guidelines on Implementation of the ISM Code, downloaded Sep. 13, 2020, Web: http://www.imo.org/en/OurWork/HumanElement/SafetyManagement/Pages/ISMCode.aspx)

그림 61. IMO(2020)에 소개된 ISM Code 책자

9.1.2 ISM 코드

오랜 기간 동안 해양산업이 존재해 왔는데, 여기에는 몇 가지 중요한 사건들이 있었다. 이러한 사건들에 의해서 중요한 해사법의 제정을 위한 기구가 설치되고 필요한 규칙과 규정이 제정되었다. 이러한 모든 법과 시행당국은 해양산업 분야를 오늘날과 같은 강력한 분야로 성장시켜왔다.

ISM 코드는 해양산업에서 요구되는 규정 중 하나인데, 1994년부터 SOLAS 협약의 매우 중요한 요소가 되었다. 이때부터 ISM 코드가 정식으로 채택되어 SOLAS 협약의 일부로 통합되었다.

ISM 코드는 본질적으로 IMO의 한 부분임과 동시에, 선원 안전의 보장과 유지 및 효과를 극대화하고 해당 해역의 오염을 제거하기 위한 것이다. 아울러, ISM 코드는 모든 국적의 선박에 대한 해양안전을 도모하고, 안전에 관한 각종 규정들을 유지할 경우 발생할 수 있는 불일치(discrepancies)를 제거하기 위한 것이다.

ISM 코드의 규정에 따르면 모든 선박은 이 코드를 준수해야 한다. 그리고 ISM 코드가 적절한 기능이 수행되기 위해서 국제안전관리 코드(International Safety Management Code)가 안전관리시스템(Safety Management System, SMS)에 의해서 지원되고 있다. SMS는 다음과 같이 준수해야 할 다양한 요구사항에 대해서 상세히 기술되어 있다.

1. 각종 절차를 총괄하기 위한 관리위원회의 설치 / Establishment of a managerial committee to oversee the various proceedings
2. 관리책임자가 그들의 업무개요를 적절하게 이행하는지 확인 / Ensure that the managerial officers carry out their outlined duties appropriately
3. 개괄적인 책임과 실제성과 사이의 차이를 확인하여 해결 / Corroborate the differences between the outlined responsibilities and the actual performance to resolve them
4. 선박 감사 - 내부 및 외부 감사를 통해서 안전문제 발생 가능성을 모두 제거 / Audit the vessel - both internally and externally so as to eliminate all possibilities of safety problems

9.1.3 감사

위의 4항(Audit the vessel)은 계획된 유지관리시스템(Planned Maintenance System)에 관한 것이다. 모든 해운회사는 자사의 안전관리시스템에 대한 감사 분석(auditory analyses)을 수행하고, 부족할 경우 동일한 분석을 강제로 시행해야 한다.

이러한 감사는 내부감사(internal auditing)와 외부감사(external auditing)로 구분된다.

내부감사는 회사 자체에서 실시하는 반면, 외부감사는 선박이 등록된 국가의 공무원들에 의해서 '모든 2년에서 3년마다' 실시한다.

선박이 모든 안전요건과 일치되는 경우, 해당 공무원은 안전관리의 인증(Certification of Safety Management) 또는 안전관리 인증서(Safety Management Certificate)를 발급하여 모든 과정이 규정에 만족하였음을 증명한다.

10. ISPS Code

출처 : 해양수산부(2020), ISPS Code(국제선박및항만시설보안규칙); IMO(2020), SOLAS XI-2 and the ISPS Code, downloaded Sep. 13, 2020, Web: http://www.imo.org/en/ourwork/security/guide_to_maritime_security /pages/ solas-xi-2%20isps%20code.aspx

10.1 개요

10.1.1 ISPS Code의 목적과 배경

국제 선박 및 항만시설 보안규칙(International Ship and Port Facility Security, ISPS)은 IMO에서 2002년 12월에 제정한 협약으로 2004년 7월 1일 발효된 것으로, 선박 및 항만시설에 필요한 보안조치를 규정한 것이다.

다음 그림은 IMO의 ISPS 코드와 관련된 책자 및 ISPS 코드 준수방법에 대한 예를 나타낸다(출처: IMO(2020), SOLAS XI-2 and the ISPS Code, downloaded Sep. 13, 2020, Web: http://www.imo.org/en/ourwork/security/ guide_to_maritime_security/pages/solas-xi-2%20isps%20code.aspx)

그림 62. IMO(2020)의 ISPS Code와 관련된 책자들과 ISPS 실행 방법의 예

ISPS는 2001년 9월 11일 미국의 항공기 테러(일명 911) 이후 국제적인 테러에 대한 대응체제 구축의 필요성을 인식한 IMO에서 제정한 것으로, 국문으로는 '국제선박 및 항만시설 보안규칙'으로 번역되고 있다.

ISPS Code의 목적은, 위협 및 취약사항 등의 보안 위험성 평가, 보안 적용범위의 결정, 선박 및 항만시설 보안수준 결정, 보안 대응절차 수립 등을 위한 것이다. 아울러, ISPS Code의 목표는, 당사국 정부, 정부기관 및 지방관청과 해운과 항만 산업 사이의 상호협조를 포함한 국제적 체계를 구축하는 것으로 다음을 포함한다.

- 보안 위협 탐지 및 선박과 항만시설에 영향을 주는 보안사건에 대한 예방조치
- 당사국 정부의 역할 및 책임 규정
- 보안 관련 정보의 빠르고 효율적인 수집과 교환

ISPS Code의 적용대상은 국제항해에 종사하는 다음의 선종이다.

- 고속여객선을 포함한 여객선
- 총톤수 500톤 이상의 고속선을 포함한 화물선
- 이동식 해상 구조물
- 국제항해에 종사하는 상기 선박이 사용하는 항만시설

10.1.2 ISPS Code의 주요 용어

ISPS Code 관련 주요 용어는 다음과 같다.

1. 항만시설보안책임자(PFSO) : 항만시설보안계획서의 개발, 시행, 개정 및 유지의 책임자, 적용대상 항만시설의 주인 또는 운영사의 보안책임자
2. 보안등급 : 보안사건이 일어날 수 있는 위험의 정도를 단계적으로 표시한 것으로, 1등급(평시), 2등급(가능성 증대), 3등급(가능성 현저) 등
3. 보안선언서(DoS) : 선박과 항만시설 또는 다른 선박간의 합의문으로서 각 주체가 시행하여야 할 보안조치를 규정한 문서
4. 항만시설보안평가(PFSA) : 보안을 침해할 수 있는 취약점을 식별하고, 그들 취약점을 제거하거나 경감시킬 수 있는 선택방안을 제시하는 과정

5. 항만시설보안계획서(PFSP) : 보안사건의 위협으로부터 항만시설내의 인원, 선박, 화물, 선용품 및 항만설비 등을 보호하기 위하여 등급별 조치사항들을 규정한 계획서

10.1.3 ISPS Code의 주요 내용

ISPS Code의 주요 내용은 다음과 같다.

1. 국제항해에 종사하는 선박이 사용하는 항만시설을 대상으로 시설의 주인 또는 운영사별로 항만시설보안책임자(Port Facilities Security Officer, PFSO) 지정
2. 항만시설별 보안위협 및 보안의 취약성을 평가하는 보안평가 실시
3. 식별된 보안위협 및 취약성을 완화할 수 있는 보안조치 계획을 보안등급별로 수립하여 항만시설보안계획서 작성
4. 항만시설보안책임자가 제출한 항만시설보안계획서를 검토, 심의 및 승인절차를 거쳐 항만시설적합확인서 발급

10.2 ISPS 요구사항

10.2.1 보안서약서

보안선언서(Declaration of Security, DoS)의 목적은 선박과 항만시설 사이에 서로 이행하여야 하는 보안활동 및 서로의 의무를 표시하기 위한 것이다. 이러한 보안선언서를 작성하고 서로 교환하는 것은, 선박과 항만시설이 각자의 보안계획서에 따라 취할 보안조치에 대하여 상호합의가 이루어졌음을 보장하기 위한 것이다.

이러한 보안선언서는 관계기관에 제출해야하는데, 항만시설보안책임자(PFSO)는 다음의 경우에 선장 또는 선박보안책임자에게 제출한다.

1. 국가의 보안을 관련하는 기관으로부터 특별지침이 있는 경우 - 해양수산부, 국가정보원 등
2. 항만시설보안평가에서 보안위험성등급이 3등급으로 식별된 시나리오 중에서 항만시설보안책임자가 보안선언서 작성이 필요하다고 판단한 경우

3. 선박의 보안등급이 항만시설의 보안등급보다 낮은 경우

10.2.2 보안심사

보안심사는 항만시설보안 계획서에 따른 보안활동의 유지 상태를 확인하기 위한 것이다. ISPS Code에서는 Code 이행을 위하여 항만시설보안책임자, 항만시설보안 종사자, 항만시설 내 근무자 각각의 책임과 권한에 부합하는 교육 및 훈련 실시를 의무화 하고 있다. 보안평가 및 보안계획서 작성 시 주요 식별 요소는 다음과 같다.

1. 항만시설에 접근 : 항만시설로의 모든 접근수단 고려
2. 항만시설 내의 보호구역 : 보호구역 식별 및 별도의 보안조치
3. 수출입화물 관리 절차 : 운송이 예정되어 있지 않은 화물의 항만시설 내 반입 금지 및 임의 조작방지 등
4. 선용품 확인 및 검사 : 주문되지 아니하거나 검사받지 아니한 선용품의 수탁 방지 및 임의 조작 방지 등
5. 미 휴대 수화물의 검색 : 미 휴대 수하물의 스크리닝(screening), 수색
6. 항만내외 감시 및 순찰 절차 : 육지와 수면상의 항만시설의 순찰, 감시

10.2.3 항만시설 근무자 교육

교육대상자는 항만시설에 근무하는 모든 근무자(하역인부, 차량기사, 크레인운전자, 선용품공급자, 기타 여객, 화물, 선용품, 미 휴대품 및 선박을 접촉하는 인원)이다. 교육기간은 최초 4시간 이상으로 1년에 보수교육 2시간 이상이 필요하다. 교육내용은 다음과 같다.

1. 항만시설근무자의 책임과 의무

모든 항만시설 근무자는 보안지식을 갖추고 항만보안 관련규정을 숙지하여야 하며, 항만시설에 대한 보안사건 또는 보안관련 부적합 사항이 식별된 경우에는 이를 항만시설 보안종사자에게 보고하여야 한다.

기타 항만시설 보안과 관련하여 항만시설보안책임자의 지시사항이 있는 경우 이를 준수하여야 한다.

2. 각기 다른 보안수준들의 의미 및 그에 따른 요구사항들

보안등급은 ISPS Code 및 선박 및 항만시설 보안에 관한규정(해양수산부)에 정하는 기준에 따라 다음과 같이 3단계로 구분한다.

① 보안 1등급 : 출입 인원과 차량의 검문과 검색, 통제 및 제한 구역에 대한 보호조치, 화물, 선용품, 미 휴대 수화물의 취급 및 보안 모니터링 등에 대하여 선박과 항만시설의 정상적인 활동을 보장하기 위해 최소한의 보안조치가 유지되는 수준

② 보안 2등급 : 인원과 차량, 화물의 검문검색 빈도 증가, 비상 초소 운영, 사용 빈도가 낮은 출입구 폐쇄, 제한구역 인근 통제라인 설치 등 보안사건이 일어날 가능성이 증대되어 일정기간 추가적인 보안조치가 유지되어야 하는 수준

③ 보안 3등급 : 보안사건 또는 관련 위협에 대응하는 인원(국정원, 해경 등) 및 차량만 접근 허용, 보안대응 인원의 지시에 따라 화물, 선용품, 미 휴대 수화물 취급 등 사건이 일어날 가능성이 현저하거나 임박한 경우 일정기간 동안 구체적인 보안조치가 유지되어야 하는 수준

3. 무기, 위험물질 및 위험장치의 인지 및 간파

① 무기 및 위험물질의 분류

② 폭발물 판단요령

참고문헌

11. 자기컴퍼스

이상집 (1986), 항해계기학, 세종출판사, pp. 1-130

이상집, 임정빈(1986), 원격지시식 자기 Compass에 관한 연구(I), 한국항해학회지, 제10권, 제1호, pp. 81-100

임정빈, 심영호(2005), 단일 자기침로에서의 자차계수 B와 C의 새로운 획득 방법, 한국항해항만학회지, 제28권(제10호), pp. 851-859

윤여정(1969), 지문항해학: 자차계정 방법, 아성출판사, 부산, pp. 88

한국표준연구원(1987), 반영식 나침의 개발에 관한 최종보고서, 과학기술처 KSRI-87-40-IR

Alfred Hine(1968), Magnetic Compasses and Magnetometers, Adam Hilger Ltd., Great Britain, pp. 267-303

AMSA(1999), MARINE ORDERS, Part 21, Navigation Equipment, Issue 3, October No 17 of 1999, Australian Maritime Safety Authority(AMSA), (Web: http://amsa.gov.au, access dated: 2012.0305)

DMA(1984a), American Practical Navigator-An Epitome Of Navigation (Originated by Nathaniel BOWDITCH LL.D.), Defence Mapping Agency Hydrographic/Topographic Center, 4. Direction Measurement, pp. 160-170

DMA(1984b), American Practical Navigator-An Epitome Of Navigation (Originated by Nathaniel BOWDITCH LL.D.), Deffence Mapping Agency Hydrographic/Topographic Center, 5. Compass Error, pp. 201-259

E.R. Benson, T.S. Stombaugh, N. Noguchi, J.D. Will and J.F. Reid(1998), An Evaluation of a Geomagnetic Direction Sensor for Vehicle Guidance in Precision Agriculture Applications, 1998 Annual International Meeting, Paper No. 983203, UILU 98-7011

Furuno (2004), Fluxgate Compass C-500, (Web: http://www.furuno.co.jp)

Hine Alfred(1968), Magnetic Compasses and Magnetometers, Adam Hilger Ltd., Great Britain, pp. 1-273

ISO2269(1973), Magnetic Compass and Accessories - Rule for testing and certificate, ISO 2269-1973(E), International Organization for Standardization(ISO), pp. 1-40

IMO-MSC.86(70), Annex 17, Adaptation of New and Amended Performance Standards for Navigational Equipment, IMO

J. Borenstein , H. R. Everett , and L. Feng(1996), Where am I ? Sensors and Methods for Mobile Robot Positioning, University of Michigan For the Oak Ridge National Lab (ORNL) D&D Program and the United States Department of Energy's Robotics Technology Development Program

John B. Moore, Jr.(1998), A Solution to the Classical Problems of a Magnetic Compass in a Steel Ship, Naval Sea Combat Systems Engineering Station, Norfolk, Virginia

참고문헌

JCAA(2004), Japan Compass Adjustment Association, (Web: http://www.jcaa.jp)

Kristin L. Makovec(2001), A Nonlinear Magnetic Controller for Three-Axis Stability of Nanosatellites, Master's thesis, Virginia Polytechnic Institute and State University, USA

Kelvin Hugh(2004), C100 Compass Engine, (Web: http://www.kvh.com)

Kongsberg(2004), Simrad RFC35 Fluxgate Compass, (Web: www.simrad.com)

KVH(1998), Overview of Compass Technology, White paper, (Web: http://www.kvh.com)

Lauro Ojeda and Johann Borenstein(2000), Experimental Results with the KVH C-100 Fluxgate Compass in Mobile Robots, Proc. of the IASTED International Conference Robotics and Applications 2000

Mark A. Nixon, Bruce C. McCallum, W. Richard Fright and N. Brent Price(1998), The Effects of Metals and Interfering Fields on Electromagnetic Trackers Presence, Vol.7, No.2, pp. 204-218

Michael J. Caruo, Tamara Bratland, Carl H. Smith and Robert Schneider(1998), A New Perspective on Magnetic Field Sensing, Honeywell, SSEC, USA. (Web: http://www.ssec.honeywell.com, access dated:2013.08.26)

NGIA(2004), Handbook of Magnetic Compass Adjustment, National Geospartial-Intelligence Agency(NGIA), Formerly Pub. No.226, pp. 1-41, (Web: http://pollux.nss.nima.mil, access dated: 2012.12.21)

PNI(2004), TCM2 Electronic Compass Module, (Web: http://www.pnicorp.com)

PNI Manual(2002), TCM2 Electronic Compass Module User's Manual Revision 1.09, (Web: http://www.pnicorp.com)

USS Navy(2004), (Web: http://www.navysite.de)

USNOO(1969), Handbook of Magnetic Compass Adjustment, H.O. Pub. No. 226, U.S. Naval Oceanoraphic Office(USNOO), Washington, pp. 1-88

J.B. Yim and D.H. Kim(2012), Finding Declinations Using Lookup Tables and Bilinear Interpolation in the Application of Digital Magnetic Compass, International Journal of Navigation And Port Research, Vol.36, No.9, pp. 699-706

J.B. Yim, Y.H. Sim, C.K. Kim and G.Y. Choi(2004), Digital Magnetic Compass With Smart Correction Function-Recent Experimental Results and Further Works -, Asia Navigation Conference 2004, Korea, pp. 29-36

12. 전자컴퍼스

임정빈(2002a), 2-체널 링-코어 플럭스 게이트 콤파스의 위상검출회로 설계와 구현에 관한 연구, 한국항해항만학회지, 제26권, 제1호, pp. 127-136

임정빈, 정중식, 박성현, 김봉석(2002b), 2-체널 링-코어 프럭스-게이트 콤파스의 성능평가 시스템 개발, 한국항해항만학회지, 제26권, 제5호, pp. 529-535

임정빈, 심영호, 안영섭(2005), 고투자율 등방성 자기 물질을 이용한 공진형 마그네토미터 개발, 해양환경안전학회지, 제11권, 제1호, pp. 29-37

임정빈(2006), 고정밀 프럭스-게이트 센서를 이용한 선박용 디지털 컴퍼스 개발, 한국항해항만학회지, 제30권, 제5호, pp. 321-329

임정빈(2011), 소형 선박용 관성 측정 장치 개발을 위한 MEMS 기반 관성 센서의 평가와 선정,한국항해항만학회지, 제35권, 10호, pp. 785-791

임정빈(2011), MEMS 기반 관성항법장치의 칼만 필터 설계 문제점과 해결방안 고찰, 한국항해항만학회 2011년도 추계학술대회 논문집, 제15권, 2호, pp. 259-260

Alfred Hine(1968), Magnetic Compasses and Magnetometers, Adam Hilger Ltd., Great Britain, pp. 267-303

Brown Robert Grover and Hwang Patrick Y. C.(1997), Introduction to Random Signals and Applied Kalman Filtering, 3rd Edition, pp. 94-96

Chew Soon Leong, Rashdi Shah Ahmad and Rosly Jaafar(2001), The Development of Fluxgate Magnetometer for Non-Destructive Measurement, Jurnal Teknologi, 34(C), pp. 9-16, (Web: http://www.jurnalteknologi.utm.my, Access dated: 2013.09.06)

Compston Drew(2012), International Geomagnetic Reference Field (IGRF) Model, MATLAB Central, (Web http://www.mathworks.com, access dated: 2012.12.05)

Chris Goodall, Naser El-Sheimy and Kai-Wei Chiang(2005), The Development of a GPS/MEMS INS Integrated System Utilizing a Hybrid Processing Architecture, Proceedings of the 18th International Technical Meeting of the Satellite Division of The Institute of Navigation(ION GNSS 2005), pp. 1444-1455

Claudia C. Meruane Naranjo(2008), Analysis and Modeling of MEMS based Inertial Sensors, Thesis Paper of Signal Processing School of Electrical Engineering, ungliga Tekniska Hgskolan, Stockholm, XR-EE-SB 2008:011

CH Robotics(2011): CHR-6dm Attitude and Heading Reference System Product datasheet-Rev.1.1, (Web: www.chrobotics.com)

D. H. Titterton and J. L. Weston(2009), Strapdown Inertial Navigation Technology, 2nd Edition, Volume 207 Progress in Astronautics and Aeronautics, pp. 57

DMA(1993), Military Specification: World Magnetic Model(WMM), Defence Mapping Agency MIL-W-89500, pp. 1-22

Eric C. Anderson(1999), Monte Carlo Methods and Importance Sampling, Lecture Notes for Stat 578C, Statistical Genetics, (Web: http://ib.berkeley.edu)

FIKO(2006), Way Horizon 60, Document Number P008-S01-D11-T02 v1.0, (Web: www.gnss-tech.com)

Furuno(2004), Fluxgate Compass C-500, (Web: http://www.furuno.co.jp)

Giorgio De Pasquale and Aurelio Soma(2010), Reliability Testing Procedure for MEMS IMUs Applied to Vibrating Environments, Sensors2010, Vol.10, pp. 456-474

Goodall Chris, El-Sheimy Naser and Chiang Kai-Wei(2005), The Development of a

GPS/MEMS INS Integrated System Utilizing a Hybrid Processing Architecture, Proc. of the 18th International Technical Meeting of the Satellite Division of The Institute of Navigation(IONGNSS 2005), pp. 1444-1455, (Web: http://ww.ion.org/search)

Greg Welch and Gary Bishop(2001), An Introduction to the Kalman Filter, SIGGRAPH 2001 Course8, University of North Carolina at Chapel Hill, Department of Computer Science, (Web: http://www.cs.unc.edu)

Gupta Ashish Kumar, Sarma Evani S. S. and Koilpillai R. David(2007), A Kalman filtering approach for Integrating MEMS-based INS and GPS for Land Vehicle Applications (white paper), (Web: www.ncc.org.in/download.php)

Hines Lindsey(2007), Digital Compass Accuracy, white paper, pp. 1-15. (Web: http://www.mbari.org, access dated: December 5, 2012)

Honeywell(2012), Magnetic Sensors: Compassing Solutions, (Web: http://www.magneticsensors.com, access dated: December 5, 2012)

HSC(2013), High-speed craft, IMO, (Web:http://www.imo.org, access dated:2013.09.25)

HSC Code Ch.13(2013), Chapter 13 Shipborne Navigational Systems and Equipment and Voyage Data Recorders, (Web:http://www.dft.gov.uk, access dated:2013.09.25)

I. Skog and P. Handel(2006), Calibration of a MEMS Inertial Measurement Unit, XVII IMEKO WORLD CONGRESS, Brazil, pp. 1-6

IMO-MSC.86(70), Annex 17, Adaptation of New and Amended Performance Standards for Navigational Equipment, IMO: Annex 2 : Recommendation on Performance Standards for Marine Transmitting Magnetic Heading Devices(TMHDs)

Jonathan Pengelly(2002), Monte Carlo Methods, Tutorial Materials, pp. 1-18, (Web: http://www.cs.otago.ac.nz)

Jonathan Goodman(2011), Lecture Note on the Principles of Scientific Computing, Chapter 9: Monte Carlo methods, pp. 183-201, (Web: http://www.cs.nyu.edu)

Jouni Hartikainen and Simo Särkkä(2008), Optimal filtering with Kalman filters and smoothers - a Manual for Matlab toolbox EKF/UKF, Department of Biomedical Engineering and Computational Science, Helsinki University of Technology, Finland, Version 1.2

Kelvin Hugh(2004), C100 Compass Engine, (Web: http://www.kvh.com)

Kim Mathiassen(2010), A low cost navigation unit for position estimation of personnel after loss of GPS position, Masters of Science degree in Engineering Cybernetics from the Norwegian University of Science and Technology

Kongsberg(2004), Simrad RFC35 Fluxgate Compass, (Web: http:www.simrad.com)

Kristin L. Makovec(2001), A Nonlinear Magnetic Controller for Three-Axis Stability of Nan satellites, Master Thesis, Virginia Polytechnic Institute and State University

Larry J. Levy(2002), The Kalman Filter: Navigation's Integration Workhorse, The Johns Hopkins University, Applied Physics Laboratory, (Web: http://www.cs.unc.edu)

Martin Vagner(2011), MEMS Gyroscope Performance Comparing Using Allan Variance Method, Doctoral Degree Programme(1), FEEC BUT, (Web: http://www.feec.vutbr.cz)

Makovec L. Kristin(2001), A Nonlinear Magnetic Controller for Three-Axis Stability of Nanosatellites, Master Thesis in Aerospace Eng., Virginia Polytechnic Institute and State University, pp. 20-26

Maus S., Manoj C., Rauberg J., Michaelis I., and Luhr H.(2010), NOAA/NGDC candidate models for the 11th generation International Geomagnetic Reference Field and the concurrent release of the 6th generation Pomme magnetic model, Earth Planets Space, Vol 62, pp. 729-735

Mohamed Gad-el-Hak(2006), MEMS Applications, 2nd Edition, Taylor & Francis, pp.1-1 - 11-1

Naserel-Sheimy, Eun-Hwan Shin and Xiaojinlu(2006), Kalman Filter Face-Off - Extended vs. Unscented Kalman Filters for Integrated GPS and MEMS Inertial, Inside GNSS March 2006, pp. 48-54, (Web: www.insidegnss.com)

Nils Olsen(2002), A Model of the Geomagnetic Field and Its Secular Variation for Epoch 2000 Estimated from Orsted Data, Geophys. J.Int. Vol. 149, pp. 454-462

NOAA(2010), Technical Report: The US/UK World Magnetic Model for 2010-2015, PP. 1-46, (Web: http://www.ngdc.noaa.gov, access dated: December 5, 2012)

Ojeda Lauro and Borenstein Johann(2000), Experimental Results with the KVH C-100 Fluxgate Compass in Mobile Robots, Proc. of the AISTED International Conference, Robotics and Applications 2000, PP. 1-7

Peter Sherman and Steven Holmes(2005), Personal navigation system, Technical report NATRICK/TR-06/004, Draper Laboratory, Cambridge, MA 02130

PNI(2004), TCM2 Electronic Compass Module, (Web: http://www.pnicorp.com)

P.Graven, T.Kenny, Labpratary magnetometer Calibration Without Coil Facilities or Orientation Information, Stanford University, White paper, 2004

R. G. Brown, P. Y. C. Hwang(1997), Introduction to Random Signals and Applied Kalman Filtering, Jphn Wiley and Sons, Inc., pp. 190-228

S. Nish(1977), How to Apply Kalman Filter to the Navigation 1 - The Principle and the Application of Linear Filter -, Japan Institute of Navigation, Vol. 52, pp. 31-39

S. M. Bennett, R. Dyott, D. Allen, J. Brunner, R. Kidwell and R. Miller(1998), Fiber Optic Rate Gyros As Replacement for Mechanical Gyros, American Institute of Aeronautics and Astronautics, KVH Industries Inc. Report AIAA-98-4401, pp. 1-7, (Web: ftp://ftp.uni-duisburg.de)

Sensonor(2009), SAR10Z Gyro Sensor Series data sheet, (Web: http//WWW.Sensonor.com)

Sensonor(2010), SAR100Grade100 Single-Axis Gyro data sheet, (Web: http//WWW.Sensonor.com)

Songlai Han, Jinling Wang and Nathan Knight(2009), Using Allan Variance to Determine the Calibration Model of Inertial Sensors for GPS/INS Integration, 6th Inter. Symp. on Mobile Mapping Technology, Presidente Prudente, São Paulo, Brazil, pp. 1-8

ST Microerectronics(2008), LIS344ALH data sheet, (Web: http//WWW.st.com)

Sensor Dynamics(2008), Technical paper for Fail-Safe Micro-mechanical Angular Rate Sensor, (Web: www.sensordynamics.cc)

Sensor Dynamics(2011), SD746-6 DOF Inertial Measurement Unit(3D Gyro + 3D Accelerometer) - Product Datasheet v1.0. doc, Revision 1.0, (Web:www.sensordynamics.cc)

SBG Systems(2011), IG-500N, (Web: www.sbg-systems.com)

Systron Donner(2007), MMQ-G, (Web: www.systron.com)

The Math Works(2009), Matlab Program: wrldmagm2.m, Revision: 1.1.6.4, Date:2009/08/14, (Web: http://www.control.aau.dk, access dated: 2012.12.05)

Volker Kempe(2011), Inertial MEMS Principles and Practice, Cambridge University Press, pp. 1-452

Walid Abdel-Hamid(2005): Accuracy Enhancement of Integrated MEMS-IMU/GPS Systems for Land Vehicular Navigation Applications, UCGE Reports Number 20207, Thesis for PhD., Department of Geomatics Eng., Calgary, Alberta, Canda, (Web: http://www.geomatics.ucalgary.ca)

White Paper(2005), Dipole Approximations of Geomagnetic Field, (Web: http://www.spenvis.oma.be)

Wikipedia-EMF(2013), Earth's_magnetic_field, (Web: http://en.wikipedia.org, Access dated: 2013.09.06)

Xsens Technologies(2010): MTi-G User Manual and Technical Documentation, Document MT 0137P, Revision H, 15 Oct 2010, (Web: www.xsens.com)

Yafei Ren and Xizhen Ke(2010), Particle Filter Data Fusion Enhancements for MEMS-IMU/GPS, Intelligent Information Management, pp. 417-421

J.B. Yim and Y.H. Sim(2004), A New Method for the Acquisition of Deviation Coefficients B and C at a Single Magnetic Heading, Journal of Korean Institute of Navigation and Port Research, Vol. 28, No. 10, pp. 851-859

YJ.B. Yim(2006), Development of Ship's Digital Compass Using Flux-gate Sensors with High Accuracy, Journal of Korean Institute of Navigation and Port Research, Vol. 30, No. 5, pp. 321-329

J.B. Yim(2011), The Application of Inertial Micro Sensor System for the Sea Navigation, Asia Navigation Conference(ANC) 2011, 2011.11. 3~5, Wuhan, China, pp. 260-270

13. 자이로컴퍼스

이병호(1984), 동력학특론, 서울, 민음사, pp. 1-99

이상집(1984), 자이로기기해설, 부산, 아성출판사, pp. 1-170
이상집 (1986), 항해계기학, 부산, 세종출판사, pp. 1-130
이상집, 임정빈(1992), 선박용 자이로콤파스의 자기진단 시스템 개발에 관한 연구, 한국항해학회지, 제16권, 제1호, pp. 1-12
임정빈(1992), 선박용 자이로콤파스의 자기진단 시스템 개발에 관한 연구, 한국해양대학교 대학원 석사학위논문, pp. 1-125
임정빈, 이상집(1992), 선박용 자이로콤파스의 정보전송 인터페이스 개발에 관한 연구, 한국항해학회지, 제16권, 제4호, pp. 35-45
Anschutz(1975), Anschutz Service Instructions (Test) for Type 102-834 NG, Anschutz KIEL, pp. 1-92
Burger J. Klinkert and Corbett W.A.G., Marine Gyrocompass, Roulledge and Kegan Paul Ltd. London, Part II, pp. 1-155
Raytheon Anschutz(2013), Digital Repeater Compass, (Web: http://www.raytheon-anschuetz.com, access dated:2013.09.29)
SMS(2013), Digital Gyro Repeaters and On-Board Information Systems, (Web: http://www.naval-technology.com, access dated: 2013.09.27)
Tetley L. and Calcutt D.(1986), Electronic Aids to Navigation: 8. The Ship's Compass, Edward Arnold, U.K., pp. 248-297
TOKIMEC(2000), Technical Information PT-10 Step Signal Converter for TG-5000 Gyrocompass , March 2000, Ref #: CTY-098 (Web: http://www.rotamarine.com)
Wikipedia(2013), Gyrocompass, (Web: http://en.wikipedia.org, access dated: 2013.12.24)

14. 선속계

이상집 (1986), 항해계기학, 부산, 세종출판사, pp. 1-130
이상집, 임정빈, 정태권(1990), 디지털형 전자유도식 선속계에 관하여, 한국항해학회지, 제14권, 제3호, pp. 1-13
해군본부(1989), 해양공학개론, 교육도서 1-6-10192, 해군인쇄창, pp. 1-370
Alison Keary, Martyn Hill, Paul White and Henry Robinson(1999), Simulation of the Correlation Velocity Log Using a computer Based Acoustic Model, Proceedings of the 11th International Symposium on Unmanned Untethered Submersible Technology, August 23-25, 1999, Dobument Number 99-8-01, Published by Autonomous Undersea Systems Institute, pp. 446-454, (Web: http://www.gbv.de, access dated: 2013.09.12)
Boltryk P., Hill M., Keary A., Phillips B., Robinson H. and White P.(2004), An ultrasonic transducer array for velocity measurement in underwater vehicles, Ultrasonics, Vol. 42, pp.473-478, (Web: http://202.114.89.60/resource/pdf/2504.pdf, access dated:2013.09.03)

Burdic William S.(1984), Underwater Acoustic System Analysis, Prentice-Hall Inc., NJ, pp. 214-243

DMA(1984a), American Practical Navigator-An Epitome Of Navigation (Originated by Nathaniel BOWDITCH LL.D.), Defence Mapping Agency Hydrographic/Topographic Center, 2. Distance And Speed Measurement, pp. 144-155

DMA(1984b), American Practical Navigator-An Epitome Of Navigation (Originated by Nathaniel BOWDITCH LL.D.), Defence Mapping Agency Hydrographic/Topographic Center, 7. Doppler Sonar Navigation, pp. 1118-1128

IMO(2000), Resolution MSC.96(72), Adoption of Amendments to Performance Standards for Devices to Measure and Indicate Speed and Distance(Resolution A.824(19)), (Web: http://www.imo.org, access dated: 2013.09.05)

IPC(2013), Chapter 3 Speed measurement, pp. 1-43, (Web: http://academic.amc.edu.au, access dated:2013.08.23)

SAL-Log(2013), Brochure for SAL Speed Logs, Consilium Co., (Web:http://consilium.se, access dated: 2013.08.24)

Tetley L. and Calcutt D.(1986a), Electronic Aids to Navigation: 2. Speed Measurement, Edward Arnold, U.K., pp. 21-54

Tetley L. and Calcutt D.(1986b), Electronic Aids to Navigation: Appendix 2 Doppler Effect, Edward Arnold, U.K., pp. 342-343

15. 수심측정장치

이상집 (1986), 항해계기학, 부산, 세종출판사, pp. 1-130

해군본부(1993), 수중음향학의 원리, 미해일교 12-1, 해군인쇄창, pp. 1-443

James Kennett(1982), Marine Geology, Prentice-Hall, pp. 1-751

Burdic William S.(1984), Underwater Acoustic System Analysis, Prentice-Hall, INC, pp. 126-154

Cline Duane A.(1999), Hand Lead, Pilgrims &Plymouth Colony:1620, (Web: http://www.rootsweb.ancestry.com, access dated: 2013.8.19)

DMA(1984), American Practical Navigator-An Epitome Of Navigation Ch.3 Depth Measurement (Originated by Nathaniel BOWDITCH LL.D.), Deffence Mapping Agency Hydrographic/Topographic Center, 3. Depth Measurement, pp. 155-160

FURUNO(2013), Manual for Navigational Echo Sounder FE-700, (Web: http://www.furuno.com, Access dated: 2013.09.06)

Urick Robert J.(1983), Principles of Underwater Sound, McGraw-Hill Book Company, pp. 1-416

16. 자동조타장치

김태경(1998), 파랑중 선박의 자동조타시스템의 평가에 관한 연구, 부산대학교 석사학위논문, (Web: http://home.pusan.ac.kr, access dated: 2013.12.28)

기상청(2013), 기상청 홈페이지의 기상백과 항목의 지식과 배움에 기록된 기상과 기후 용어설명, (Web: http://web.kma.go.kr, access dated: 2013.12.27)

이상집 (1986), 항해계기학, 부산, 세종출판사, pp. 1-130

임정빈, 윤명오 공저(2003), 선박자동화, 도서출판 오비, ISBN 89-950-7435-3. pp. 1-9 - 1-13, 2-18, 3-4 - 3-10

Levwis Edward V(1989), Principles of Naval Architecture : Volume Ⅲ-Motions in Waves and Controllability, The Society of Naval Architectures and Marine Engineers, NJ, pp. 1-407

Tetley L. and Calcutt D.(1986), Electronic Aids to Navigation : 9. Automatic Steering, Edward Arnold, U.K., pp. 298-317

Wikipedia(2013a), Gyrocompass, (Web: http://en.wikipedia.org/wiki/Gyrocompass, access dated: 2013.12.24)

Wikepedia(2013b), Autopilot, (Web: http://en.wikipedia.org/wiki/Autopilot, access dated: 2013.12.24)

Wikipedia (2013c), Power rating, (Web: http://en.wikipedia.org/wiki/Power_rating, access dated: 2013.12.28.)

Yasuno Takahashi, Michael J. Rabins and David M. Auslander(1972), Control and Danamic System, Addison-Wesley Pub., pp. 1-758

Yasuno Takahashi, Michael J. Rabins and David M. Auslander(1972), Control and Danamic System, Addison-Wesley Pub., p. 321

17. 항해정보기록장치

ELECTRO-MED(2013), Playback Software, (Web: http://www.electro-med.com, access dated: 2012.12.31)

IACS(2005), Recommendation85 : Recommendations on Voyage Data Recorder, Jan 2005, (Web : http://www.iacs.org.uk, access dated: 2013.02.08)

ICAO(2013), ICAO home Page, (Web: http://www.icao.int, access dated: 2013.04.22)

IEC(2000), International Standard IEC61996, First edition 2000-07, Maritime Navigation and Radiocommunication Equipment and Systems - Shipborne Voyage Data Recorder (VDR) - Performance requirements - Methods of testing and required test results

IMO(1997b), Performance Standards for Shipborn Voyage Data Recorders (VDRs), Resolution A.861(20) adopted on 27 November 1997

IMO(1997c), CODE FOR THE INVESTIGATION OF MARINE CASUALTIES AND INCIDENTS

adopted on 27 November 1997, RESOLUTION A.849(20)
IMO(2001e), GMDSS Handbook on CD-ROM Version 2.0, 3rd Edition, August 2001, IMO, pp. Annex 4~1, page 8
IMO(2002e), GUIDELINES ON VOYAGE DATA RECORDER (VDR) OWNERSHIP AND RECOVERY, MSC/Circ.1024, 29 May 2002, (Web: http://www.imo.org, access dated: 2013.1.17)
IMO(2004b), ANNEX26, RESOLUTION MSC.163(78)(adapted on 17 May 2004), PERFORMANCE STANDARDS FOR SHIPBORNE SIMPLIFIED VOYAGE DATA RECORDERS(S-VDR), (Web: http://www.imo.org, access dated: 2013.1.17)
ISO(2000), INTERNATIONAL STANDARD ISO 17776, First edition 2000-10-15, Petroleum and natural gas industries - Offshore production installations - Guidelines on tools and techniques for hazard identification and risk assessment, (Web: http://xa.yimg.com, access dated: 2013.06.06)
JRC(2004), Voyage Data Recorder (VDR) JCY-1700, (Web : http://www.maritech.com.vn, access dated: 2013.04.22)
MCA(2002), Safety of Navigation, Implementing SOLAS Chapter V, 2002, SOLAS Chapter V Regulation 20 Voyage Data Recorders, Maritime and Coastguard Agency(MCA), p. 36
Michale T. Brown(1999), Marine Voyage Data Recorder, International Symposium on Transportation Recorders, May 3-5, 1999, pp. 1-14
RAPIDTRACK S-VDR(2012), (Web: http://www.acrelectronics.com, access dated: 2012.12.31)
Smasung Industries(2011), Brochure for Voyage Data Recorder SVDR2000, (Web: http://www.shipcs.com, access dated: 2013.04.22)

18. 기타 지원 장치

윤점동(1996), 국제해상충돌예방규칙 및 관련된 국내법규해설, 세종출판사, 부산, pp. 72-73
BYM(2011), USA. Furuno BR500 delivers BNWAS solution, BYM Marine & Maritime News, 20 December 2011, (Web: http://www.bymnews.com, access dated: 2013.09.24)
Furuno(2013), Manual for Bridge Alarm System BR-1000, (Web: http://www.furuno.com, access dated:2013.09.24)
IEC 60945(2002), INTERNATIONAL STANDARD IEC 60945: Maritime navigation and radiocommunication equipment and systems - General requirements - Methods of testing and required test results, 4th edition, pp. 1-14
IEC 61508(2013), 위키백과의 IEC 61508 설명, (Web: http://ko.wikipedia.org/wiki/IEC_61508, access dated: 2013.09.10)
Kongsberg(2013), Data sheet for Bridge Watch Monitoring System AD-00440-A, (Web:

http://www.km.kongsberg.com, access dated:2013.09.24)
Marine Log(2009), Piracy: IMO panel still gun-shy, Marine Log, 18 June 2009, (Web: http://www.marinelog.com, access dated:2013.09.24)
MCA(2002), Regulation 19 of SOLAS Chapter V, Safety of Navigation Implementing SOLAS Chapter V 2002, Maritime and Coastguard Agency(MCA), pp. 32
MSC.86(70)a(1998), Annex 1 : Recommendation on Performance Standards for Sound Reception Systems in Annex 17 : Adaptation of New and Amended Performance Standards for Navigational Equipment (adopted on 8 December 1998)
MSC.128(75)(2002), PERFORMANCE STANDARDS FOR A BRIDGE NAVIGATIONAL WATCH ALARM SYSTEM (BNWAS) (adopted on 20 May 2002)
Samsung(2013), Manual for Samsung Digital System for Vessel, (Web: http://www.marinedigital.com, access dated: 2013.09.12)
The Telegraph(2011), IMO: Sub-Committee on Safety of Navigation, Report of the 54th Session, London, June 30 to July 4, 2008, 4 February 2011, (Web: http://www.telegraph.co.uk, access dated: 2013.09.24)
Tetley L. and Calcutt D.(1986), Electronic Aids to Navigation, Edward Arnold, U.K., 7. Integrated Navigation System, pp. 237-247
Wikipedia(2013), Bridge navigational watch alarm system, (Web: http://en.wikipedia.org, access dated:2013.09.23)
ZOLLNER(2013), SRD414, (http://www.zoellner.de, access dated: 2013.02.13)
ZENITEL(2013), Brochure for VINGTOR VSS-V2 Sound Reception System, (Web: http://www.zenitel.com, Access dated: 2013.09.13)

19. 기타

윤여정(1996), 지문항해학, 아성출판사, 부산, pp. 1-251
윤여정(1971), 천문항해학, 아성출판사, 부산, pp. 1-379
Wells David(1987), Guide to GPS Positioning, Canadian GPS Associates, pp. Ch.1 ~ Ch. 15
Hofmann-Wellenhof B., Lichtenegger H. and Collins J.(1993), Global Positioning System, Springer-Verlag Wein New York, pp. 1-288
Logsdon Tom(1992), The Navstar Global Positioning System, Van Nostrand Reinhold, New York, pp. 1-218
COLREGS (2005), COLREGS - International Regulations for Preventing Collisions at Sea, Lloyd' 's Register Rulefinder 2005, Version 9.4, (Web: http://www.mar.ist.utl.pt, access dated: 2013.06.03)
SOLAS (2002), SOLAS CHAPTER V, SAFETY OF NAVIGATION, Revised 1 July 2002, (Web: http://www.imo.org/ourwork, access dated: 2013.06.03)

참고문헌

NMEA(1992), Standard For Interfacing Marine Electronic Devices (NMEA0183), National Marine Electronics Association Ver. 2.0, pp. 1-41 and Appendix I~IV

Tetley L. and Calcutt D.(1986), Electronic Aids to Navigation : 3 Decca Navigator, 4 Loran-C and 5 Omega, Edward Arnold, U.K., pp. 55-185

Forssell Borje(1991), Radio Navigation, Prentice-Hall International, UK, pp. 1-376

선박검사론

[수정판]

Ship Surveys and Inspections

주의사항

이 교재는 다양한 국내외 규정과 관련 내용을 해석하거나 참고한 것이기 때문에 해석과정에서 오류, 잘못된 번역, 잘못된 표현 등이 발생할 수 있다. 따라서 이 교재와 관련된 내용을 행정적, 형사적 등 모든 법적 분쟁과 선박 실무에 적용하는 경우에는 해당하는 원본 규정을 적용하기 바란다.

아울러, 이 교재의 모든 내용을 적용하여 발생하는 모든 법적책임은 저자에게 없음을 알린다. 단, 저자와의 협의 또는 계약을 통해서 이루어진 내용 등은 그 협약 또는 계약에 의거하여 준수됨을 밝힌다.

저자 약력

임정빈

현) 한국해양대학교 해사대학 교수
한국해양대학교 운항훈련원장, 신조 실습선 한나로호 인수
한국해양대학교 승선생활관 사감 및 사감장
한국해양대학교 항해학과 조교, 시간강사
해군사관학교 교수, 학과장
해군 해양연구소 음파부 분석실장
일본 동경해양대학교 교환교수
목포해양대학교 교수, 학과장, 산학협력단장, 기획처장
해양경찰청, 해양수산부, 국방과학연구소 평가 위원
한국씨그랜트 협의회 회장
해양수산부 씨그랜트센터 단장
한국항해항만학회 회장
해양환경안전학회 전문이사
J. of Ocean Eng., MDPI 등의 국제저널 심사위원
라스코 해운, 수일해운 항해사(3등 항해사, 2등 항해사)
부경대학교 대학원 전자공학과(박사) - 디지털신호처리
한국해양대학교 대학원 항해학과(석사) - 자이로 관성
한국해양대학교 항해학과(학사) - 항해학

해광
출판
해기

선박검사론 [수정판]

Ship Surveys and Inspections

2023년 8월 5일 인쇄　　정가 20,000 원
2023년 8월 15일 발행 Ⓣ

저　자　임정빈
발 행 인　조준형　http://www.hgbookpub.com
발 행 처　해광출판사　E-mail : munbookcokr@naver.com
주　소　부산광역시 중구 해관로 41-1 (중앙동2가)
전화번호　(051) 253-0001　팩스 (051) 245-1187
등　록　제 2012-000005호

해광출판사에서는 여러분의 소중한 원고와 함께 할 기회를 기다리고 있습니다. 책으로 엮을 원고나 아이디어가 있으신 분들은 이메일 munbookcokr@naver.com로 책에 대한 간단한 개요와 원고 전체 또는 일부를 연락처와 함께 보내주십시오.

ISBN 979-11-6881-485-1